宁夏引黄供水工程多维度效益评价研究

——以太阳山供水工程为例

夏进喜　张志军　聂俊坤　庄志华　等著

黄河水利出版社

·郑州·

内 容 提 要

本书系统地介绍了跨区域供水工程多维度效益评价研究的理论和方法,阐述了宁夏引黄供水工程多维度效益内涵和评价指标体系,选择宁夏太阳山供水工程及其受水区域,开展多维度视角下水库/水域、湿地、城乡供水、水土资源、社会系统效益评价和指标体系优化,揭示了受水区土地利用格局时空演变规律,阐明了跨区域供水工程多维度效益演变的关键驱动机制。

本书可供城乡供水工程、水务工程等专业领域的科研、建设、生产、运营及投融资管理人员参阅,也可作为大中专院校相关专业的参考用书。

图书在版编目(CIP)数据

宁夏引黄供水工程多维度效益评价研究：以太阳山
供水工程为例／夏进喜等著. -- 郑州：黄河水利出版
社,2024. 8. -- ISBN 978-7-5509-3957-8

Ⅰ. TV67；TV213.4

中国国家版本馆 CIP 数据核字第 2024NP0201 号

策划编辑:母建茹　　电话:0371-66025355　　E-mail:27326185@ qq. com

责任编辑	母建茹	责任校对	王单飞
封面设计	李思璇	责任监制	常红昕

出版发行　黄河水利出版社

地址:河南省郑州市顺河路 49 号　邮政编码:450003

网址:www. yrcp. com　E-mail:hhslcbs@ 126. com

发行部电话:0371-66020550

承印单位　河南新华印刷集团有限公司

开　　本　787 mm×1 092 mm　1/16

印　　张　13.25

字　　数　315 千字

版次印次　2024 年 8 月第 1 版　　2024 年 8 月第 1 次印刷

定　　价　96.00 元

前　言

　　跨区域调水和供水是解决水资源区域分布不均和供需矛盾,缓解水资源匮乏地区发展制约,促进缺水地区国民经济发展与水资源综合开发利用的有效举措。通过建设跨区域供水工程调整水资源的时空分布和配置方式,对受水区的经济建设、社会发展以及生态保护修复产生积极影响,同时发挥显著的经济效益、社会效益和生态效益。

　　宁夏作为全国唯一一个全境属于黄河流域的省份,既有区位、能源、特色产业等优势,又面临水资源严重短缺和生态极度脆弱等挑战。以建设黄河流域生态保护和高质量发展先行区为指引,宁夏“十四五”期间也将城乡供水一体化发展作为工作重点,提出以黄河水为主要水源,依托引黄供水工程,促进水务事业市场化改革,解决区域缺水问题,实现城乡供水统筹发展和产业规模化发展。引黄供水工程既是促进黄河流域生态保护和高质量发展的重要支撑,同时也能充分利用黄河水资源创造经济、社会及生态价值,造福宁夏地区百姓生活。

　　太阳山供水工程位于宁夏回族自治区吴忠市盐池县,地处毛乌素沙地边缘的干旱地区,承担着为太阳山工业开发区、盐池县城及周边乡镇、萌城工业园区、灵武市马家滩矿区农业用水区、白土岗养殖园区、红寺堡区村镇用水区以及同心精细化工产业园区等区域工农牧业生产、城乡居民生活和周边生态环境建设提供水源的重要任务。近年来,太阳山供水工程实现了由单一供水生产向水务一体化管理转变,由单一供水产业向“一业为主,多业并举”转变,由单一服务开发区向服务开发区及周边区域转变,有效支撑了地区经济、社会发展和生态环境保护修复,产生了显著的经济效益、社会效益及生态效益。太阳山供水工程综合效益的发挥是一个涉及经济、社会和生态环境等多时空、多维度要素的系统过程。因此,客观描述和评价供水工程对区域经济社会发展以及生态环境系统保护发挥的多维度效益,对定量化揭示工程建设所发挥的综合价值与运行成效,优化供水工程后续项目建设和运营管理方式具有重要现实意义。

　　本书通过系统阐述跨区域供水工程多维度效益内涵和评价指标体系构建方法,基于多维度视角围绕受水区多系统效益展开评价和指标体系优化,解析了受水区土地利用格局时空演变特征和多维度效益演变驱动过程。具体内容包括:①综合考虑引黄供水工程对受水区经济、社会以及生态环境系统演变的影响特征构建多维度效益价值评估指标体系和评估方法体系。②系统评价刘家沟调蓄水库、太阳山温泉湖湿地、受水区城乡供水系统、水土资源系统、社会系统效益并优化指标体系。③揭示跨区域供水工程受水区土地利用格局时空演变规律和多维度效益演变关键驱动机制。④运用多级模糊综合评价模型和云模型评价供水工程综合效益。本书是以上研究成果的总结。

　　本书编写人员及编写分工如下:第1章由夏进喜、张志军、聂俊坤撰写;第2章由庄志华、张海龙、聂俊坤撰写;第3章由陈连映、聂俊坤、夏进喜撰写;第4章由马文涛、樊恩宏、袁雯撰写;第5章由夏进喜、庄志华、陈连映撰写;第6章由张志军、庄志华、张海龙撰写;

第 7 章由庄志华、聂俊坤、陈连映撰写;第 8 章由聂俊坤、夏进喜、陈连映撰写;第 9 章由陈连映、聂俊坤、马文涛、袁雯撰写;第 10 章由夏进喜、张志军、庄志华撰写;第 11 章由张海龙、马文涛、樊恩宏、袁雯撰写;第 12 章由徐存东、聂俊坤、陈连映、马文涛撰写;第 13 章由陈连映、马文涛、袁雯撰写;第 14 章由夏进喜、张志军、庄志华、聂俊坤撰写;全书由夏进喜、张志军、庄志华统稿。连海东、丁廉营、韩文浩、曹骏、汪志航、林哲楠、李博飞、沈家兴等研究人员参与了研究项目总报告部分章节和分报告的撰写,在此向参加研究的所有科研人员表示衷心的感谢!

本书参考和引用了大量国内外学者的研究成果,在此向相关作者表示感谢!本书的完成和出版得到了宁夏回族自治区水利科技项目(TYSSW-2023-65)的资助。

由于供水工程多维度效益评价的研究涉及经济学、社会学、生态学、水文学、土壤学、地理学、统计学等多个学科领域,研究难度大,加之编者水平有限,书中的缺点和疏漏在所难免,恳请读者批评指正,提出宝贵意见。

作　者

2024 年 8 月

目　录

第 1 章　绪　论

1.1　研究背景

干旱缺水是制约宁夏中东部地区经济社会发展和生态环境发展的关键因素,自 20 世纪 70 年代以来,宁夏在该地区兴建了同心、固海、盐环定等一批引黄供水工程,极大缓解了当地用水困难问题,对推进宁夏中东部地区脱贫致富发挥了重要作用,为宁夏地区的经济社会发展做出了重大贡献。近年来,引黄供水工程已成为宁夏中东部干旱带的生命工程和生态保障工程,对保障区域人畜饮水安全、经济发展、社会稳定和改善生态环境起到了决定性作用。太阳山供水工程主要由水源工程(刘家沟水库)、净(输)水工程、农村人饮安全工程等部分组成,承担着为太阳山开发区、盐池县城及周边乡镇、萌城工业园区、灵武市马家滩矿区、白土岗养殖园区、红寺堡区村镇用水区以及同心精细化工产业园区等区域工业、畜牧业生产、城乡居民生活和周边生态环境建设提供水源的重要任务,供水范围辐射近 10 000 km^2,是区域的重要骨干供水工程,为保障区域经济社会发展和生态环境改善提供了有力的供水支撑和水资源保障。

2022 年底,随着太阳山供水二期水源工程的顺利实施,水库工程蓄水量超过 1 700 万 m^3,显著提升了工程的供水保障能力,增强了工程服务地方经济社会发展与生态环境建设的价值。工程自建设运行以来,实现了由单一供水生产向水务一体化管理转变,由单一供水产业向"一业为主,多业并举"转变,由单一服务开发区向服务开发区及周边区域转变,由粗放管理向规范化、标准化、精细化管理转变,有效支撑了地区经济社会发展和生态环境保护修复,产生了显著的经济效益、社会效益以及生态效益。太阳山供水工程综合效益的发挥是一个涉及经济、社会以及生态环境等多时空、多维度要素的系统体系。因此,客观描述和评价供水工程对区域经济社会发展以及生态环境系统保护中发挥的多维度效益,对定量化揭示工程建设运营所发挥的综合价值与成效,优化供水工程后续项目建设和运营管理具有重要的现实意义。

目前,针对水利工程区域供水效益的评估主要聚焦在单一因素层面,围绕太阳山供水工程综合效益的评价研究仍处于探索阶段,且基于"经济-社会-生态"系统视角揭示供水工程多维度效益的研究鲜有报道。近年来,随着太阳山供水工程受水区经济社会的迅速发展,区域用水需求日益旺盛。为了更好地保障当地经济社会发展,更好地服务地方招商引资、调整工业产业布局,并为改善区域生态环境及巩固脱贫攻坚成果、乡村振兴、九大产业发展提供更强有力的水务支撑,开展太阳山供水工程多维度效益评价研究工作。

本研究以太阳山供水工程为研究对象,围绕供水工程的多维度效益开展评价研究工作,探索供水工程多维度效益内涵与价值,揭示供水工程的经济效益、社会效益以及生态效益指标类型与特征。从工程建设运营以来的"时间维度"、项目供水覆盖与影响地域的

"空间维度"以及"经济–社会–生态"的系统视角出发,构建太阳山供水工程多维度效益评价指标体系。结合分项和综合效益评价的方法,定量化描述、定性分析工程运营以来产生的经济价值、供水保障价值以及生态服务价值,综合评价供水工程运行以来产生的经济效益、社会效益以及生态效益。通过构建多维度综合效益评价模型,多场景辨识供水工程多维度效益的关键影响因子,以期为太阳山供水工程的高质量发展和高效运营管理提供有益的决策支持。通过研究,促进太阳山供水工程水资源的科学利用,实现水资源高效利用的经济效益、社会效益以及生态效益最优化,保障区域经济社会持续健康高质量发展。

1.2　太阳山供水工程概况

太阳山开发区始建于 2004 年,位于吴忠市的盐池县、同心县、红寺堡区三县(区)交界区域,控制面积 328 km²。核心工业区集中在三县(区)交界区域,盐兴高等级公路横贯工业开发区中心地带,宁盐高速公路、中太铁路布局在开发区北缘,西气东输天然气管道穿越开发区,对外交通十分便利且能源丰富。为了走新型工业化道路,以工业产业致富,加快当地经济发展步伐,彻底摆脱贫困,充分发挥当地资源优势,促进吴忠市乃至全区的经济社会协调发展,吴忠市人民政府规划建设了太阳山开发区。

为解决太阳山工业园区用水问题,自治区 2008 年建成了太阳山供水工程(一期),经过多年发展,刘家沟水库供水范围发生较大变化。太阳山供水工程(一期)刘家沟水库现状供水范围涉及太阳山开发区、盐池县、同心县、红寺堡区和灵武市 5 个行政区域,供水对象包括:①太阳山开发区工业、生活和绿化用水(含太阳山镇);②盐池县城(花马池镇)等 7 个乡镇人畜饮水和萌城工业园区的工业、生活用水;③同心县工业园区(区块二)的生产生活用水;④红寺堡区糖坊梁、小泉、巴庄 3 个村的人畜生活用水;⑤灵武市片区分为马家滩矿区及白土岗养殖基地用水。一期工程设计供水能力 5 万 m³/d,设计年供水量 1 825 万 m³,2020 年供水量 1 565.78 万 m³,日均 4.29 万 m³,夏季个别时段最高日供水量已达到 7 万 m³,个别用水高峰时段已超出原设计供水能力,随着受水区用水需求的增加,刘家沟水库库容及工程供水能力已严重不足。

太阳山工业园区作为宁东能源化工基地的组成部分,以推动高质量发展为主题,近几年,吴忠市通达煤化工有限公司焦炭制 20 万 t/a 稳定轻烃(转型升级)技术改造项目(一期)、宁夏庆华煤化工集团有限公司 8 万 t/a 焦炉煤气综合利用制 LNG(转型升级)技术改造项目等一批重大项目相继建成投产,太阳山工业园区用水需求逐年增加;灵武市为落实《自治区党委办公厅 人民政府办公厅关于印发自治区九大重点产业高质量发展实施方案的通知》(宁党办发〔2020〕88 号)文件精神,建设白土岗养殖基地,重点发展奶牛、肉牛、滩羊等规模化养殖,白土岗养殖基地属于九大产业中的"奶产业""肉牛和滩羊"重要养殖基地,随着入园企业的不断增加,太阳山供水工程(一期)批复给灵武市的水量已不能满足其用水需求;太阳山供水工程(一期)按现状人口及自治区居民生活用水定额核定盐池县需水量,随着盐池县人口增加、城镇化率的提高,用水需求增加迅速。

太阳山供水工程受水行政区域示意如图 1.2-1 所示。

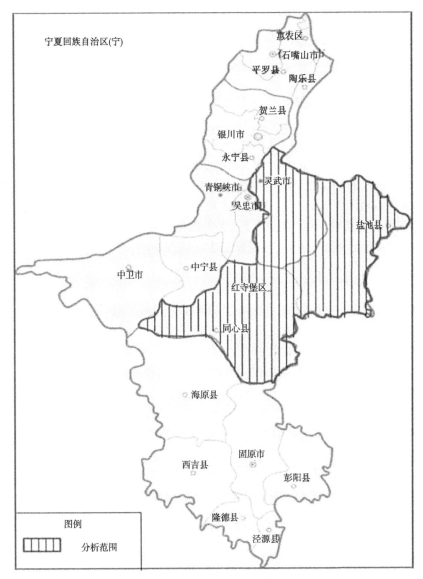

图 1.2-1 太阳山供水工程受水行政区域示意

1.2.1 太阳山供水工程(一期)概况

太阳山供水工程(一期)原设计自盐环定扬黄工程八干渠桩号 8+550 取水,2017 年盐环定扬黄共用工程泵站更新改造项目实施后八干渠正式变更为五干渠,现状自盐环定扬黄工程五干渠桩号 8+550 处取水,水库进水闸设计流量 10.5 m³/s。刘家沟水库于 2008 年建成,一期设计总库容 1 000 万 m³,最大调节库容 858.32 万 m³,淤积库容 62.19 万 m³,输水塔按二期规模一次建成,设计流量 10 万 m³/d。

根据 2020 年的工程运行数据,一期工程供水范围内现状净需水量 1 839.52 万 m³,考虑到管网漏损率、水厂损失率及水库蒸发渗漏损失 15%,则工程从盐环定五干渠取水总量 2 124.65 万 m³,考虑渠系输水损失,至盐环定一泵站取水总量 2 267.50 万 m³,至东干渠取黄河原水 2 409.67 万 m³,其中太阳山开发区取水量 994.96 万 m³(太阳山工业园区取水量 929.41 万 m³,太阳山镇生活取水量 65.55 万 m³);同心县工业园区(区块二)取水量 61.55 万 m³;盐池县总取水量 927.71 万 m³(人畜生活 814.01 万 m³,萌城工业园区 67.08 万 m³,盐池县城工业园区 46.62 万 m³);灵武市总取水量 409.93 万 m³(马家滩镇生活 2.58 万 m³,规模化养殖 39.26 万 m³,各类工矿企业 85.93 万 m³,白土岗养殖基地东区 282.16 万 m³)。

一期工程现状已建成净水厂处理能力为 12.6 万 m³/d,其中刘家沟工业净水厂 5 万 m³/d、盐池县人饮净水厂 1.8 万 m³/d;冯记沟抗旱应急扩建水厂 2 万 m³/d;白土岗养殖基地新建水厂 3 万 m³/d;太阳山生活净水厂 0.8 万 m³/d。一期工程总占地面积 3 373 亩❶,其中永久占地面积 3 297.7 亩,临时占地面积 75.3 亩。永久占地主要包括大坝、水库淹没范围、输水建筑物、刘家沟净水厂、太阳山净水厂、生活区、进场及环库公路占地。临时占地主要为弃土弃渣场、施工区及施工生活区占地。

1.2.2　太阳山供水工程(二期)概况

太阳山供水工程(二期)是在一期工程的基础上进行扩建的,没有扩大供水范围,建设地点与一期工程一致。二期工程水库加坝、新建水厂及加压泵站等永久占地已在一期征地范围内,二期新增占地主要为 35 kV 供电铁塔基础占地,62 座铁塔永久占地面积 2.33 亩。二期工程新增永久占地 2.33 亩均为荒地,无移民安置问题。

根据《太阳山供水工程(二期)可行性研究报告》(宁夏水利水电勘测设计研究院有限公司,2020 年 5 月),太阳山供水工程(二期)设计供水规模为年供水量 4 416.5 万 m³/a,水库调蓄规模按照 12.1 万 m³/d 设计,水库扩建后总库容 1 953 万 m³,其中死库容 281.37 万 m³,兴利库容 1 671.63 万 m³。二期工程计划将刘家沟工业净水厂及送水泵房扩建为 10 万 m³/d,太阳山供水主管道一期建设时已按双排 DN800 管道铺设,双排管道最大供水能力可达到 10 万 m³/d;白土岗养殖基地人畜饮水骨干工程新增供水能力 2 万 m³/d,目前总供水能力已达 3.0 万 m³/d;盐池县城供水能力为 1.8 万 m³/d;马家滩片区供水能力为 0.7 万 m³/d。

太阳山供水工程(二期)对刘家沟水库进行加坝,设计库容 1 953 万 m³,调节库容 1 671.63 万 m³,设计坝顶高程为 1 370.70 m,正常蓄水位 1 369.00 m。水库大坝采用后加坝方式,坝型及坝体坡度仍采用原设计参数。加坝后,主坝河床以上最大坝高 33.7 m,坝顶轴线长 1 310 m,防浪墙顶高程 1 371.7 m,坝顶高程 1 370.70 m,坝顶宽 7.0 m,坝型为均质土坝。在现状坝顶高程 1 366.50 m 处坝前坡设置 1.5 m 宽马道,马道上部坡度 1:2.75;背水面 1 355.5 m 处设置 1.5 m 宽马道,马道上部坡度 1:2.5,下部为 1:2.75,坝两岸采用帷幕灌浆方式处理坝基渗漏和坝肩绕渗问题。对输水塔交通桥进行改造,抬高混凝土支墩,使交通桥支撑基础露出水面,桥面采用预应力混凝土桥板搭设。根据日供水 10 万 m³/d 规模,新建日处理 5 万 m³/d 水厂一座,改造加压泵站达到 10 万 m³/d 供水能力。

---

❶　1 亩 = 1/15 hm²。

太阳山供水工程取水口及刘家沟水库位置示意见图 1.2-2。

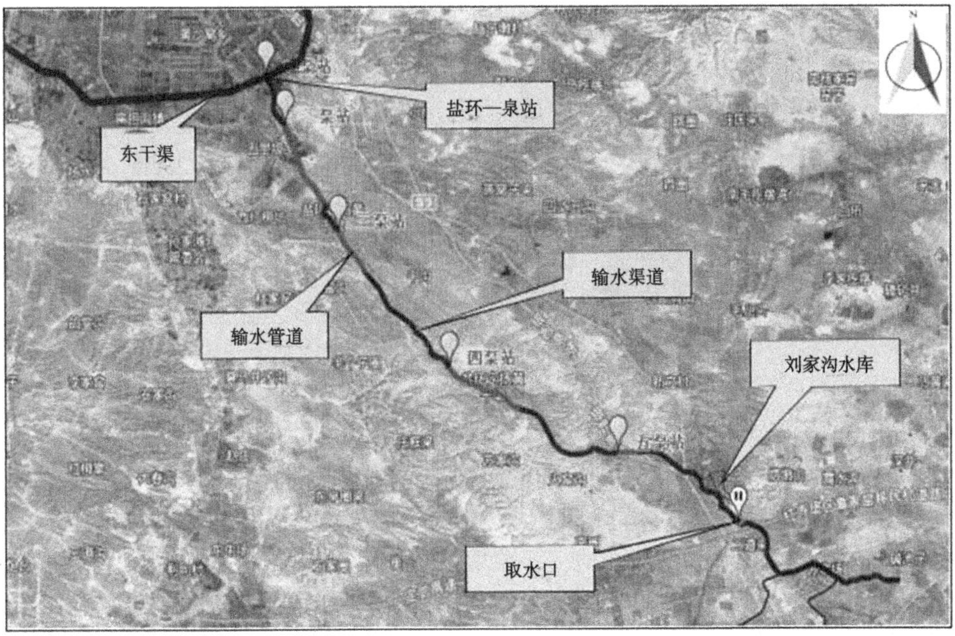

图 1.2-2 太阳山供水工程取水口及刘家沟水库位置示意

1.2.3 太阳山供水工程取用水方案

1.2.3.1 引水工程

太阳山供水工程采用的供水水源为盐环定扬水五干渠,该渠道的供水泵站盐环定扬水工程五泵站(白塔水泵站)在太阳山镇以北 18 km 处,五干渠进口设计流量 10.68 m³/s,进口水位 1 387.5 m,五干渠自北向东南从工业园区腹地通过,沿线经过刘家沟,距太阳山镇 14 km。

刘家沟水库自盐环定扬黄工程五干渠 8+550 处引水,利用该处的天然沟道作为引水渠,设计引水流量 10.5 m³/s,引水点五干渠水位 1 385.78 m。引水工程由节制闸、进水闸组成。

节制闸设计流量 10.5 m³/s,闸室布置为平底闸,节制闸孔净宽 3 m。闸室为整体式现浇钢筋混凝土结构。闸后带交通桥,桥宽 5.0 m。闸门选用铸铁闸门,启闭机选用 5 t 手电两用配套产品。

进水闸位于节制闸上游,设计流量 10.5 m³/s,闸底与渠底齐平,闸孔净宽 2 m。闸室为整体式现浇钢筋混凝土结构。闸后带交通桥,桥宽 5.0 m。闸门选用铸铁闸门,启闭机选用 5 t 手电两用配套产品。

进水闸后接宽 2 m、深 2.94 m、总长 100.5 m 的陡坡,陡坡直通到沟底,沟底高程 1 374.50 m,陡坡采用浆砌石砌筑、混凝土抹面,陡坡底设置混凝土糙条,出口设消力墩。太阳山供水工程进水闸现状实景见图 1.2-3。

1.2.3.2 调蓄水库工程

一期水库基本情况:刘家沟水库为碾压式均质土坝,坝底高程 1 340.00 m,一期坝顶

图 1.2-3 太阳山供水工程进水闸现状实景

高程 1 366.50 m,最大坝高 26.5 m,坝顶长 1 027 m,坝顶宽 7 m,设计总库容 1 000 万 m³,最大调节库容 858.32 万 m³,淤积库容 62.19 万 m³。坝体标准断面:前坝坡为 1:2.75、1:3.0,后坝坡为 1:2.5、1:2.75。上下游坝坡均在 1 353.2 m 高程设 2 m 宽马道。上游坝面采用 0.12 m 厚混凝土预制板护坡,下游坝坡采用草皮护坡。坝基表面风积砂全部挖除,壤土层采用强夯处理,坝基防渗采用开挖截水槽与帷幕灌浆结合的方式,截水槽底控制在强风化线以下的砂岩地层,底宽 6.0~8.0 m。刘家沟水库一期库容曲线见图 1.2-4。

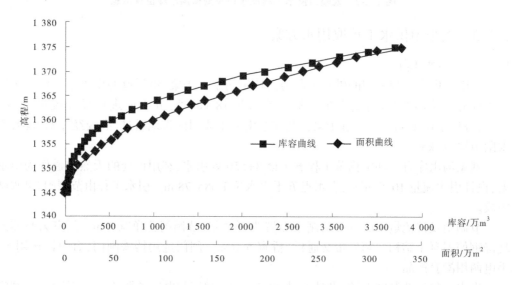

图 1.2-4 刘家沟水库一期库容曲线

刘家沟水库输水建筑物由输水塔、输水涵管、流量控制室、退水、输水管道系统组成。其位置位于大坝 0+081 处。塔身采用矩形混凝土筒状结构形式,塔后距一期坝轴线垂直距离 48.5 m,坝下设现浇混凝土输水涵洞,总长 114 m,涵洞后接混凝土输水管至分水井,总长 55 m,后接退水明渠及泵站输水管,输水管长 169 m;输水塔顶高程考虑二期坝顶高程 1 371.70 m,设高低两个进水口。

输水塔出口接输水涵洞,输水涵洞外形为矩形(5.6 m×3.0 m),内部为两排 DN1 800 mm 的圆形输水通道,采用 C20 混凝土浇筑,长 114 m,进口底高程 1 351.5 m,比降为 1/1 000。当满足 1 352.5 m 水位时,单排输水流量为 0.58 m³/s 以及二期最大蓄水位时双排 20 d 泄空 2 000 万 m³ 水(平均输水流量为 10 m³/s)的要求。输水涵洞出口接 DN1 800 mm 混凝土输水管,长 55 m,出口为流量控制室。流量控制室内部设钢结构汇水分流器,输水管管径 DN1 000 mm,设流量调节阀和伸缩节;泄水管管径为 DN1 200 mm,设消能电动蝶阀和伸缩节。在汇水器中间设 DN1 200 mm 电动蝶阀和伸缩节,将输水系统分为两套系统,通过不同组合在保证供水的情况下对出现问题的管道进行维修。其中,输水管以 1/300 的比降接入泵站前池,为两排 DN1 000 mm 混凝土管。

流量控制室泄水管长 80 m,接入退水明渠,由退水明渠进入沟道,将退水消除能量后进入刘家沟。退水明渠为底宽 3 m,边坡 1:1.5,渠深 2.0 m,比降为 1:20,长 239 m,采用 300 mm 厚浆砌石砌护,表面抹 200 mm 厚 C15 混凝土,在明渠出口设消力池,消力池长 20.0 m,池深 1.0 m,池内设两排消力墩,消力池后放置 5 m 宽的散抛石,防止对基础淘刷。

二期水库设计方案:二期工程对刘家沟水库大坝进行坝后培厚加高处理,水库加坝至 1 370.70 m 高程,防浪墙顶高程 1 371.7 m,设计库容 1 953 万 m³;兴利库容 1 671.63 万 m³,正常蓄水位 1 369.00 m,死水位 1 357.00 m,对应淤积库容 281.37 万 m³,防洪库容与调节库容完全重叠。坝顶轴线长 1 310 m(一期坝长 1 027 m),坝顶宽 7.0 m。对坝体左右坝肩进行灌浆处理,维修相关建筑物。

迎水面在 1 353.2 m 和 1 366.5 m 高程处各设马道一道,背水面在 1 355.5 m 高程处设马道一道,马道宽 1.5 m。迎水面坝坡马道上部坡度采用 1:2.5,下部坡度采用 1:2.75;背水面马道上部坡度采用 1:2.5,下部坡度采用 1:2.75。输水建筑物在一期实施时已按二期规模 10 万 m³/d 进行了建设,二期工程仅对输水塔交通桥进行改造。刘家沟水库二期库容曲线见图 1.2-5。

1.2.3.3 净水厂工程

太阳山供水工程一期和二期净水厂工程布局相同,二期工程仅对刘家沟工业净水厂进行扩建,太阳山生活及盐池人饮、白土岗养殖基地、冯记沟抗旱应急水源工程 4 座净水厂维持现状,扩建后刘家沟工业净水厂处理能力提高为 10.0 万 m³/d,具体如下:

(1)刘家沟工业净水厂:一期位于宁夏太阳山水务有限公司厂区内,地理位置坐标为(106°35′57.11″,37°35′37.11″),供水对象包括太阳山工业园区、萌城工业园区及同心工业园区工业生产用水,同时为太阳山生活净水厂提供水源。水厂主要包括格栅配水井、絮凝沉淀池、清水池、送水泵房、变配电室及其附属生产、管理设施等。工业净水车间于 2008 年 5 月建成。车间内混合、絮凝、沉淀合并为一座机械搅拌澄清池,其结构为钢筋混凝土结构,一期建设 1 座,处理能力为 5 万 m³/d,澄清池又分为独立的两组,每组处理能力为 2.5 万 m³/d。絮凝沉淀池分为两段,其中絮凝段采用折板絮凝反应,沉淀段采用斜管沉淀。絮凝段采用穿孔管排泥,沉淀段采用桁架式刮吸泥机排泥。加药系统可根据原水的流量、浊度、pH 等进行自动投加,处理后的水满足工业循环冷却用水的水质标准。刘家沟一期工业供水工艺流程见图 1.2-6。

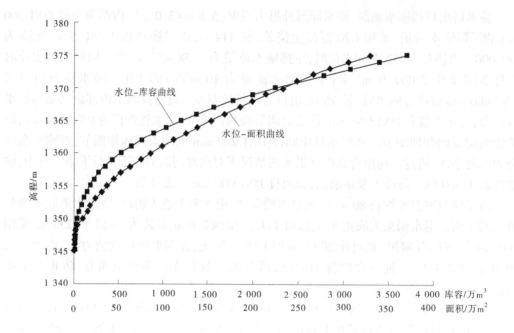

图 1.2-5 刘家沟水库二期库容曲线

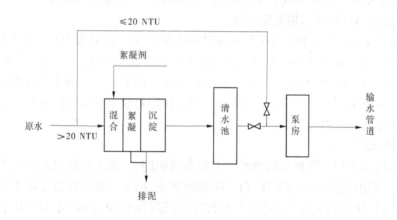

图 1.2-6 刘家沟一期工业供水工艺流程

根据二期可研报告,二期扩建净水厂位于已建一期厂区内,厂区构筑物按 5 万 m³/d 规模布置(除了翻板滤池、加药间,滤池、加药间规模按照 10 万 m³/d),二期占地 180.5 亩,采用"混合+絮凝+沉淀+过滤"的处理工艺。扩建后刘家沟工业净水厂处理能力达到 10 万 m³/d。刘家沟二期工业供水工艺流程见图 1.2-7。

(2)太阳山生活净水厂:太阳山净水厂位于太阳山镇,地理位置坐标为 (106°35′21.04″,37°26′48.64″),供水对象包括太阳山工业园区、萌城工业园区、同心工业园区(区块二)以及惠安堡镇南部生活用水。水厂从工业供水总干管取水,由生产及预留区和生活服务区两部分组成,现状处理规模 0.8 万 m³/d。生产区按工艺流程布置,制水

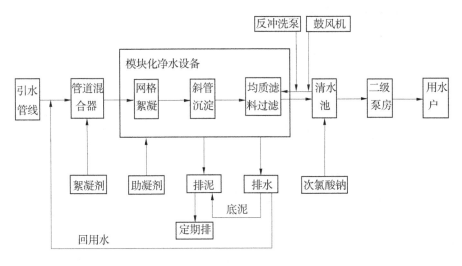

图 1.2-7 刘家沟二期工业供水工艺流程

车间布设净水装置、加药系统、消毒系统和送水机泵等,清水池和生活服务设施单独布置。采用絮凝过滤、消毒处理流程,配置一体化净水装置进行处理。制水车间采用钢筋混凝土框架结构,建筑面积 588 m²,车间内布设水处理设施,清水池 1 座。

(3)盐池人饮净水厂:盐池人饮净水厂位于宁夏太阳山水务有限公司厂区内,地理位置坐标为(106°36′1.28″,37°35′39.28″),供水对象包括盐池县 3 镇 4 乡人。该水厂于 2017 年 10 月建成试运行,车间设置 4 台集成式一体化净水设备,单台尺寸 19.5 m×4.6 m×5.32 m,单台处理能力 5 000 m³/d,原设计水处理能力 1.8 万 m³/d。集成式一体化净水设备主要包括三段处理,分别为絮凝区、斜管沉淀区、石英砂过滤区。净水车间采用的主要工艺为集成式一体化净水设备+次氯酸钠、PAM、高锰酸钾消毒常规处理工艺。配备反冲洗泵房、鼓风机房,采用气水反冲的方式进行排泥,并配套电气及自动化控制系统,进行远程和现地独立操作。盐池人饮供水工艺流程见图 1.2-8。

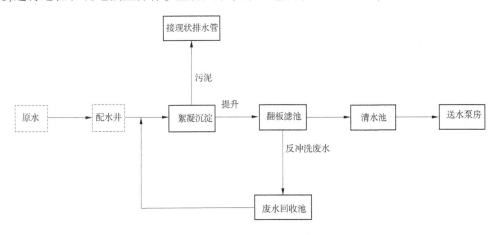

图 1.2-8 盐池人饮供水工艺流程

(4)冯记沟抗旱应急水源工程净水厂:该水厂位于刘家沟水库坝后 500 m 处,在盐池人饮净水厂东侧,从刘家沟水库一期预留管道取水,采用一体化水处理设备,主要工艺为混凝、助凝、沉淀、过滤等,设计处理能力 2 万 m^3/d,处理后的水进入新建 2 座 2 000 m^3 清水池,该清水池与盐池人饮清水池连通,与盐池人饮共用供水管网,该净水厂的作用是与盐池人饮净水厂互为备用。

（5）白土岗养殖基地人畜饮水骨干工程净水厂:该水厂位于刘家沟工业净水厂内,2019 年建成一期工程水处理能力 1 万 m^3/d,2021 年建成二期工程水处理能力 2 万 m^3/d,白土岗养殖基地人畜饮水骨干工程二期净水厂建成后总处理能力达到 3 万 m^3/d。

1.2.3.4　供水管网工程

太阳山供水工程一期和二期供水管网工程布局相同,二期工程设计仅在一期基础上对水库、净水厂及太阳山工业加压泵站进行扩建,供水工程根据后期发展需求另行设计。

太阳山供水工程一期和二期供水管网主要由东线、东北线、北线和南线供水管网 4 部分组成,具体如下:

（1）东线供水主管线全长 87 km,采用 DN350~600 mm 管道输水,设计供水能力 1.8 万 m^3/d,主要解决盐池县片区人畜饮水问题。其中,PCCP 管道 11.39 km,工作压力 1.2~1.8 MPa;PCP 管道 16.65 km,工作压力 0.4~1.0 MPa;玻璃钢管 58.96 km,工作压力 0.6 MPa;管径均为 0.5 m。现状到盐池县城供水能力 1.0 万 m^3/d。

（2）东北线供水主管线全长 30 km,采用 DN350 mm 管道输水,设计供水规模 0.7 万 m^3/d,主要解决灵武市片区马家滩镇及矿区生活用水问题。管道采用聚乙烯钢骨架管,工作压力为 1.0~2.0 MPa。

（3）北线供水主管线主要解决灵武市片区白土岗养殖基地生产生活和绿化用水。一期已建成全长 21.54 km 单排 DN500 mm 球墨铸铁管,工作压力为 1.0~1.6 MPa,一期供水能力 1 万 m^3/d;二期管道已开工建设,2021 年建成通水,二期管道全长 32.6 km,包括 3.6 km 长 DN800 mm 管道及 29 km 长 DN600 mm 管道,设计供水能力 2 万 m^3/d,建成通水后北线总供水能力达到 3 万 m^3/d。

（4）南线供水主管线全长 19.10 km,采用双排 DN800 mmPCCP 管道输水,工作压力为 1.0~1.6 MPa,单排设计供水规模 5.0 万 m^3/d,现状只使用单排管道,双排最大供水能力 10 万 m^3/d。现状单排管道给太阳山生活净水厂供水量 0.8 万 m^3/d,工业供水规模 4.2 万 m^3/d。工业供水包括两条主管线:一条为太阳山工业园区管线,为 DN350 mm 钢管,设计供水规模 3.0 万 m^3/d,主要解决太阳山工业园区生产和绿化用水;另一条为萌城工业管线,采用 DN500 mm 管道输水,设计供水规模 1.2 万 m^3/d,主要解决同心工业园区和萌城工业园区用水。

开发区生活用水统一由太阳山生活净水厂的阳光管线供给,设计供水规模 0.8 万 m^3/d。

1.2.4　太阳山供水工程退水方案

太阳山供水工程本身不产生污水,但供水对象及用水户会产生一定的污水,主要包括工业废水、生活退水和养殖退水。供水对象及用水户产生的污水经各片区污水处理厂处理达标后回用于绿化、道路浇洒或循环冷却等对水质要求不高的工业项目生产用水。

其中,太阳山开发区污水处理厂位于吴忠市太阳山移民开发区西环路与盐兴公路交叉口西南侧,设计处理规模 1.5 万 m^3/d,服务对象为吴忠太阳山开发区(含同心工业园区)工业废污水及居民区生活污水。采用"预处理+磁混凝+MBR池+消毒"工艺,出水水质能够达到《城镇污水处理厂污染物排放标准》(GB 18918—2002)一级A排放标准。处理后的污水一部分经中水回收利用工程处理后,回用于洗煤园区及小泉煤矿等企业及东花园、西花园、太阳山转盘周边绿化用水,回用水设计供水规模0.16万 m³/d;另一部分排入苦水河,设计排放量1.05万 m³/d。萌城工业园区污水主要来源为宁夏宝丰能源集团有限公司(四股泉煤矿)和宁夏庆华煤化集团有限公司(贺陡沟煤矿)的生活污水,全部由场区自建的污水处理站处理后回用,不外排。

盐池县污水处理厂位于盐池县东北部工业园区东北角,东北方向至307国道,西南至民族东街。设计处理规模1.5万 m³/d,服务范围为整个县城生活及工业废水。采用A2/O处理工艺,出水水质能够达到《城镇污水处理厂污染物排放标准》(GB 18918—2002)一级A排放标准。根据县城工业回用水需水量,一部分进入已建成的中水处理厂处理后回用工业生产,剩余部分排入德胜墩水库用于城区绿化及城北防护林的灌溉。

白土岗养殖基地废污水包括职工生活污水和养殖退水。废污水经场区自建污水处理站(肉牛养殖基地处理规模20 m³/d,生猪养殖基地处理规模100 m³/d)采用"固液分离+水解酸化+厌氧、缺氧、好氧处理+污水暂存池"工艺处理后与养殖粪污定期清运至灵武市郝家桥镇狼皮子梁开发区兴旺村优思克(宁夏)生物能源科技有限公司和灵武市河忠有机肥有限公司进行有机肥生产。

马家滩矿区工业废水经企业内部污水处理系统处理后回用于企业冷却循环水,生活污水经市政管网排入马家滩镇污水处理站,经污水处理站处理达标后回用于方家庄电厂、银星电厂、国华电厂一期和二期冷却循环水,无外排。

1.3　太阳山供水工程受水区

太阳山供水工程一期和二期受水区范围相同,太阳山供水工程(二期)水源工程于2022年7月正式开工建设,目前水源工程坝体填筑已顺利封顶,二期工程中的新建净水厂、加压泵站等工程正处于建设当中,二期工程尚未发挥实际效益。因此,本项目主要针对太阳山供水工程(一期)受水区所产生的经济效益、社会效益以及生态环境效益进行综合评价分析与研究工作。根据2020年工程实际运行数据,太阳山供水工程(一期)的现状总供水能力9.8万 m³/d,共分为南线、东线和北线三条主线及东北线一条支线,其中南线供水对象为太阳山开发区片区,现状供水能力5万 m³/d(包含太阳山生活供水能力0.8万 m³/d);东线供水对象为盐池县片区,现状供水能力1.8万 m³/d(包含马家滩镇0.7万 m³/d);北线供水对象为灵武市片区白土岗养殖基地人畜饮水及绿化,现状供水能力3万 m³/d;东北线供水对象为灵武市马家滩镇及矿区,从东线烟墩山蓄水池取水,现状供水能力0.7万 m³/d,已包含在东线供水能力中。

1.3.1　太阳山开发区片区

太阳山开发区片区由南线供水,包括工业和生活供水两条主管线,供水对象为太阳山、同心和萌城工业园区生产生活、绿化用水,同时解决太阳山镇(含红寺堡3个村)人畜生活用水。

刘家沟工业净水厂建于 2008 年,位于刘家沟左岸,坝后 500 m 处,一期供水能力 5 万 m^3/d;太阳山生活净水厂位于太阳山镇西北,从刘家沟至太阳山工业输水管道右侧取水,一期生活供水规模 0.8 万 m^3/d。

输水管基本沿刘家沟净水厂与太阳山净水厂直线布置,双管并排铺设,总长 37.21 km,管径均为 0.8 m。其中,工作压力等级大于 0.8 MPa 的管道采用 PCCP 管铺,铺设长度 12.7 km;工作压力等级小于 0.8 MPa 的管道采用 PCP 管铺,铺设长度 24.51 km。根据工业和生活用水水质要求,采用分质供水方案。工业供水标准满足工业循环冷却水水质标准,生活供水标准满足《生活饮用水卫生标准》(GB 5749—2022)。

1.3.2 盐池县片区

盐池县片区由东线供水,供水对象包括盐池县 3 镇 4 乡(不含高沙窝)人畜。盐池人饮工程于 2009 年建成,净水厂位于刘家沟水库坝后,水厂及加压泵站供水规模均为 1.8 万 m^3/d,铺设 DN350~600 mm 管道的盐池人饮主干管 87 km,出水水质满足《生活饮用水卫生标准》(GB 5749—2022)。

2016 年宁夏盐池县冯记沟乡抗旱应急水源工程开始实施了,在刘家沟水库坝后 500 m 处新建净水厂,新增水处理规模 2 万 m^3/d,与盐池人饮净水厂互为备用,未建加压泵站。

1.3.3 灵武市片区

灵武市片区分为马家滩矿区及白土岗养殖基地。马家滩镇和矿区生产生活由东北支线供水,自盐池人饮工程烟墩山蓄水池取水,供水能力 0.7 万 m^3/d,铺设 DN350 mm 管线 30 km,向南与宁东供水工程管线连通互为备用;白土岗养殖基地由 2018 年实施的灵武市白土岗养殖基地人畜引水骨干工程供水,即北线,现状已建成供水能力 3 万 m^3/d,铺设 DN500 mm 压力管道(23 km)及 DN600 mm 压力管道(29 km)。

根据《自治区水利调度中心关于〈太阳山供水工程(一期)水资源论证报告书〉技术审查意见的报告》(宁水调度发〔2020〕35 号),2019 年一期工程供水范围内现状净需水量 1 839.52 万 m^3,考虑到管网漏损率、水厂损失率及水库蒸发渗漏损失 15%,则工程从盐环定五干渠取水总量 2 124.65 万 m^3,考虑渠系输水损失,至盐环定一泵站取水总量 2 267.50 万 m^3,至东干渠取黄河原水 2 409.67 万 m^3,其中太阳山开发区取水量 994.96 万 m^3(太阳山工业园区取水量 929.41 万 m^3,太阳山镇生活取水量 65.55 万 m^3),同心县工业园区(区块二)取水量 61.55 万 m^3,盐池县总取水量 927.71 万 m^3(人畜生活 814.01 万 m^3,萌城工业园区 67.08 万 m^3,盐池县城工业园区 46.62 万 m^3),灵武市总取水量 409.93 万 m^3(马家滩镇生活 2.58 万 m^3,规模化养殖 39.26 万 m^3,各类工矿企业 85.93 万 m^3,白土岗养殖基地东区 282.16 万 m^3)。太阳山供水工程(一期)受水区概化图见图 1.3-1。

太阳山供水工程二期和一期供水管网工程布局相同,二期工程设计仅在一期基础上对水库、净水厂及太阳山工业加压泵站进行扩建,二期工程供水管网主要由东线、东北线、北线和南线供水管网 4 部分组成。太阳山供水工程(二期)受水区概化图见图 1.3-2。

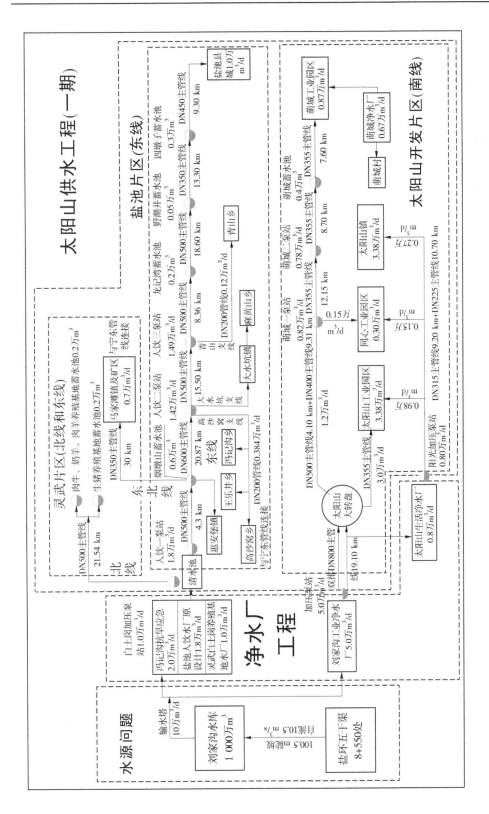

图 1.3-1 太阳山供水工程（一期）受水区概化图

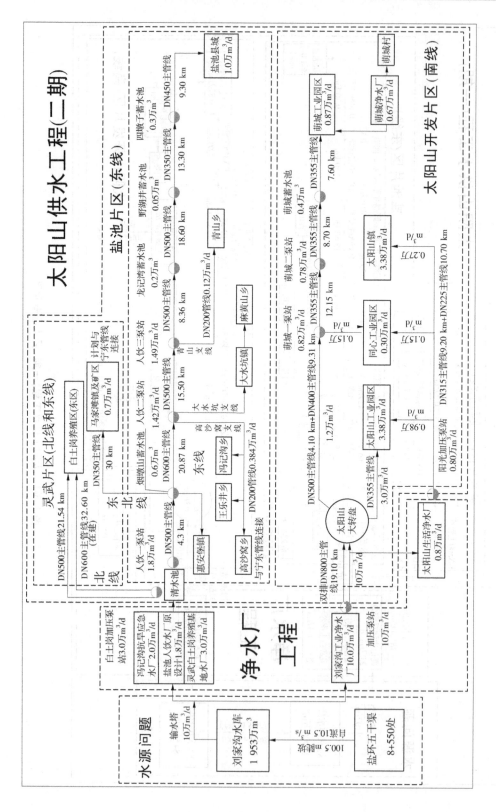

图 1.3-2　太阳山供水工程(二期)受水区概化图

1.3.4 水库/水域、湿地

1.3.4.1 刘家沟水库

刘家沟水库是太阳山供水工程的主要调蓄水库,刘家沟水库自盐环定扬黄工程五干渠 8+550 处引水,利用该处的天然沟道作为引水渠,设计引水流量 10.5 m³/s,引水点五干渠水位为 1 385.78 m。刘家沟水库作为工业供水、人畜饮水、抗旱应急水源为一体的水源地,对受水区的发展具有至关重要的地位。刘家沟水库于 2017 年被划定为水源地保护区,根据二期工程对刘家沟水库的扩容工程设计,刘家沟水库总库容由 1 000 万 m³ 扩容至 1 953 万 m³,项目建设涉及盐池县刘家沟水库饮用水水源地保护区。库区蓄水后,库区水域面积将有所增加,对局部小气候会造成一定影响,由于水的热容性较大,升温降温缓慢,水库水面水分蒸发,可增加水库周围的空气湿度,对生物的分布、生境改良等产生积极影响。刘家沟水库水源工程总平面布局见图 1.3-3。

1.3.4.2 苦水河水域(暖泉湖、景观湖及盐湖)

苦水河是黄河宁夏段的一级支流,太阳山供水工程以黄河水为水源,自东干渠自流至桩号 31+200 处通过盐环定扬水系统输水,在盐环五干渠(原八干渠)桩号 8+550 处设取水口取水,自流至刘家沟调蓄水库,工程受水区退水排入苦水河。太阳山及萌城工业园区产生的废污水全部由太阳山污水处理厂收集处理,部分回用于绿化及工业,剩余排入苦水河,排放水质标准优于苦水河水质。根据《2016—2020 年宁夏回族自治区生态环境质量报告书》,黄河吴忠段水质考核目标为Ⅱ类,执行《地表水环境质量标准》(GB 3838—2002)Ⅱ类标准;盐池县刘家沟水库水源地水质考核目标为Ⅲ类,执行《地表水环境质量标准》(GB 3838—2002)Ⅲ类标准。东干渠、盐环定扬黄干渠参考盐池县刘家沟水库水源地水质指标执行。太阳山开发区污水处理厂服务对象为开发区工业废水兼顾部分居民区生活污水,配套的中水回收利用工程供水规模约 1 万 m³/d,其余部分排放至苦水河,年排放量控制为 383.25 万 m³,增大了苦水河流域径流量和水域面积。目前,太阳山开发区现状主要有暖泉湖、庆华厂区的景观湖和盐湖三大湖泊,其中盐湖为大气降水的地表径流汇集在低洼浅滩形成,暖泉湖和景观湖均为拦截苦水河形成,水源为苦水河河水。苦水河主要水域暖泉湖、景观湖及盐湖位置示意见图 1.3-4。

1.3.4.3 太阳山温泉湖湿地(国家湿地公园)

太阳山温泉湖湿地是宁夏中部干旱带上唯一的大型湿地,位于宁夏回族自治区吴忠市太阳山开发区,地处毛乌素沙地西缘,地理坐标为东经 106°32′01″~106°40′58″,北纬 37°23′59″~37°29′17″。太阳山温泉湖湿地由西区-温泉湖和东区-盐湖组成,规划总面积 2 447.5 hm²,其中湿地总面积 1 492.7 hm²,湿地率 60.99%。共有植物 48 科 78 属 152 种,野生动物 42 科 88 种。2018 年 12 月 29 日,太阳山温泉湖湿地通过国家林业和草原局试点国家湿地公园验收,正式成为"国家湿地公园"。湿地公园内主要河流为苦水河,由东向西经湿地公园西北注入黄河。湿地水源补给方式主要依靠地下水、自然降水和水库补水。太阳山地区历史文化资源丰富。早在 2 000 多年前,就有中华各民族在这片温泉流淌的土地上生息繁衍,根据太阳山温泉湖湿地地形地貌、水域分布以及景观资源特色等,将太阳山湿地公园规划为 5 个功能区:湿地保育区、恢复重建区、宣教展示区、合理利

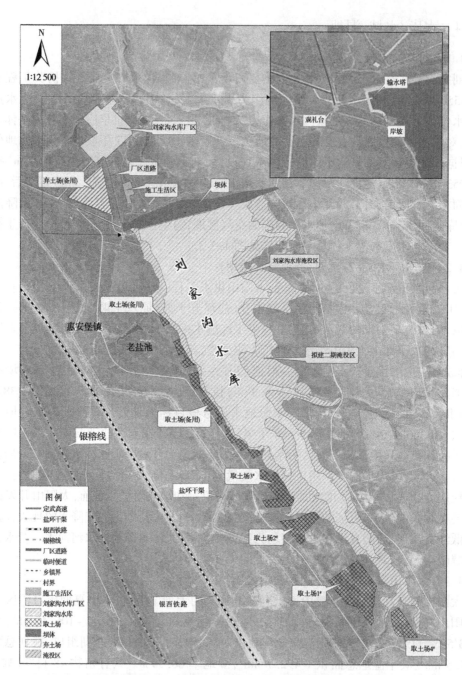

图 1.3-3　刘家沟水库水源工程总平面布局

用区和管理服务区。

　　此外,太阳山开发区片区可以利用的水源主要为太阳山供水工程及太阳山污水处理厂处理后的中水,由于现状中水水质不达标,自 2020 年至今暂无中水回用,2020 年批复实施了《苦水河太阳山段人工湿地水质改善项目》,通过建设人工湿地工程对太阳山污水处理厂尾水进行深度处理。宁夏太阳山国家湿地公园与苦水河人工湿地现状见图 1.3-5。

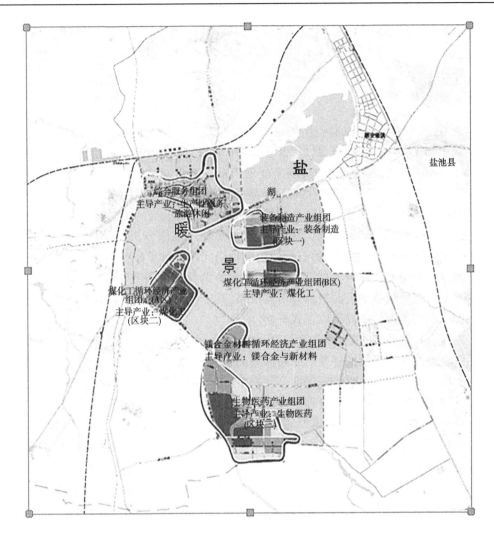

图 1.3-4 苦水河主要水域暖泉湖、景观湖及盐湖位置示意

图 1.3-5 宁夏太阳山国家湿地公园与苦水河人工湿地现状

1.4　国内外研究现状及存在问题

1.4.1　理念探索

　　20 世纪 60 年代以来,社会经济的高速发展带来了一系列资源问题和水环境危机,人们逐步认识到水资源供给的重要性。20 世纪 70 年代,Nordhaus&Tobin 提出采用"经济福利准则"对国内生产总值进行修改,随后涌现出众多学者对于环境质量受经济活动影响的研究方案。20 世纪 80 年代以后,在自然资源估价研究方面,多国政府机构、研究机构、环境学家以及经济学家等都提出新的核算理念或评价方法。在自然资源价值研究背景之下,水资源的供给价值作为自然资源价值研究的重要组成部分,它的价值研究逐步展开。随后,我国学术界对于自然资源的有偿使用和价格问题进行了针对性讨论,开启了我国对自然资源价值的研究。在资源核算的带动下,水资源价值的研究得到飞速发展。李金昌等学者发表了一系列关于资源核算等研究成果,其中对水资源供给价值问题也有所涉及,我国水资源供给价值的研究得以正式开始。

　　多维度效益是经济效益、社会效益以及生态环境效益的总称,其中经济效益是指供水工程系统直接向区域提供的各种产品和服务的价值总和;社会效益是指供水工程满足区域社会发展需求、提升公众认知、保证公共安全、传承社会文化过程中所产生的价值,即对社会服务的效益实现价值化的过程;生态环境效益主要是指受水区域生态系统调节过程中人类从中获取的各种收益,具体表现为供水工程的生态服务价值。供水工程的多维度效益是工程保障区域经济社会发展和改善生态环境质量方面所获得的效能和利益,生态环境效益与经济效益、社会效益之间相互制约,互为因果。供水工程的多维度效益是指在修建供水工程与不建供水工程相比情况下,对促进区域经济社会发展及改善区域水环境、气候及生产生活环境所带来的综合利益。

　　多维度效益作为区域从供水系统得到的好处,不仅只包括经济效益那样可以通过市场交易价格来进行直接的定量评估。工程的多维度效益多选择一些相关指标来评价,由于受生态系统、区域环境、人类活动和人类福祉需求差异等影响,不同学者选取的效益评价内容相差很大,使得工程的效益发挥在不同项目、不同研究和不同区域之间很难比较,影响着工程效益作为工程建设和区域发展决策依据的客观性和科学性。

　　工程的多维度效益评估提出的初衷是为了加强生态环境保护,促进社会经济可持续发展,希望能够提出一种价值判断基准,提高人们对生态环境保护重要性的认识,避免人类在社会经济活动中过分追求社会效益和经济效益,造成对生态环境不可恢复的破坏和未来自然资源的短缺。根据多维度效益的形成本质和提出的目的,工程的多维度效益可以定义为:工程运行带来的系统变化所引起的区域生态环境和社会经济发展条件的改善程度。这种改善能够提高人类福祉,是人类从生态系统得到的好处。多维度效益应该是对传统评价人类福祉的社会效益和经济效益的补充,其核心是反映工程运行能够为区域生态环境和社会经济可持续发展提供适宜生活环境和优良生产条件的能力。在实际进行评价时,广义的多维度效益包括了所有由生态环境系统产生的人类福祉,同时覆盖了工程运行所带来的经济效益和社会效益。

1.4.2 理论发展

20 世纪 80 年代之后,我国研究人员就提出了森林工程建设带来的综合效益的评价内容和指标,朱济凡等指出"森林具有调节气候、涵养水源、保持水土、制服风沙、净化大气、栖息鸟兽、保护环境、保存物种等多种功能";张嘉宾等开展了森林涵养水源等价值的计算并估算出云南省怒江州的贡山、福贡、碧江、泸水 4 县森林保土、保水功能的价值是森林用材、燃材功能价值的 6 倍;之后,随着我国大规模的三北防护林体系、农田防护林体系、长江珠江上游和沿海防护林体系及退耕还林工程建设等,林业生态工程生态效益的评估在各地大规模开展;雷孝章等针对林业生态工程生态效益,提出了森林生态系统稳定性维持、森林改善小气候、森林水源涵养、森林保土作用、土壤改良状况指标和区域功能特异性等 6 类评价内容;王兵等提出了北方沙化土地退耕还林工程生态效益评价,内容包括森林防护、净化大气环境、固碳释氧、生物多样性保护、涵养水源、保育土壤和林木积累营养物质等 7 类;朱教君等在进行三北防护林工程生态效益评价时,提出了水源涵养、水土保持、防风固沙、农田增产、固碳释氧等评价内容。根据研究情况分析,已经进行的大部分工程综合效益评价工作中,并没有很好地梳理多维度效益评价内容间的逻辑关系,只是简单将多种效益分成几个类型,学界对综合效益评价内容的认识不统一、选取标准不清楚,影响了评价结果的可信度。同时,国内外的相关研究表明,针对水利工程区域供水效益的评估主要聚焦在单一因素层面,围绕工程综合效益的评价研究仍处于探索阶段,且基于"经济-社会-生态"系统视角揭示供水工程多维度效益的研究鲜有报道。

由于工程多维度效益评价方法多是建立在以人为中心的基础上,其结果有主观性与不确定性。近些年来,相关学者从国外引进了工程系统服务(功能)的概念。工程系统服务是指工程运行对生态环境系统与社会经济发展过程所形成的维持条件及其效用,简单说就是人类从工程运行中所得到的好处。工程系统服务包括了向经济社会系统输入的有用物质和能量、接受和转化来自经济社会系统的废弃物,以及直接向人类社会成员提供服务(如人们普遍享用洁净空气、水等舒适性资源)。广义的多维度效益与工程系统服务功能没有区别;狭义的多维度效益和工程系统服务功能在评价内容上存在一些差别。从1970 年《人对全球环境影响》里的"关键环境问题研究"报告中首次使用工程系统服务功能的"Service"一词,到 Holdren 与 Ehrlich 论述了工程系统在土壤肥力与基因库维持中的作用和价值,工程系统服务价值这一术语逐渐为人们所公认和普遍使用。

供水工程的系统服务价值是指供水工程系统通过各种途径向人类社会提供物质、能量以及生态环境服务的价值。按照供水工程系统对人类生存和社会经济发展的作用,供水工程的系统服务价值分为经济效益(水资源产品供给价值)、社会效益(公共需求和社会服务价值)、生态效益(生态系统支持和环境调节价值)等内容。水资源产品供给服务主要是供水工程为区域输出生活和生产所需的水资源,这些水资源绝大部分可以通过市场交换来实现,具有市场价值,可以被定量评估。社会服务价值是与人类精神生活和社会发展相关的指标,满足人类非物质性的需求。支持服务包含供水工程系统要素、结构和过程内容,是供水工程系统的物理属性,反映了受水区社会经济发展的系统整体性和健康状况。调节服务是供水工程系统在预防生态环境问题中所发挥的功能和所起的作用,是由工程供水系统过程提供的人类生存和发展的条件。

近年来,随着公众环保意识的增强,人们对生态环境保护方面的关注度也越来越高,工程运行的生态服务功能价值评估逐渐成为国内外生态学研究的热点之一。Daily(1997)系统研究了生态系统服务的各个方面,并指出社会系统依赖于自然生态系统。1991年,国际科学联合会环境问题科学委员会(SCOPE)讨论怎样开展生物多样性的定量研究,促进了生物多样性与生态系统服务功能关系的研究及生态系统服务功能经济价值评估方法的发展。此后,在生态系统服务功能价值研究上造成深远影响的是,1997年Costanza等在《Nature》上发表了《全球生态系统服务和自然资本的价值估算》,该论文对全球的生态系统服务功能进行估价,将全球生物圈分为远洋、海湾、海草/海藻、珊瑚礁、大陆架、热带森林、温带/北方森林、草原/牧场、潮汐带/红树林、沼泽/洪泛平原、湖泊/河流、沙漠、苔原、冰川/岩石、农田、城市等16个生态系统类型,并将生态系统服务分为气体调节、气候调节、扰动调节、水调节、水供给、控制侵蚀和保持沉积物、土壤形成、养分循环、废物处理、传粉、生物控制、避难所、食物生产、原材料、基因资源、休闲、文化等17个类型,并列举了生态系统服务与生态系统功能之间的对应关系,应用生态系统服务价值理论对全球生物圈的生态服务价值进行了估算,计算出了人类从自然界所获得的总价值量。该论文在全球引起了强烈反响,带来了生态系统服务价值评价研究的热潮。2003年,Turner等对生态价值评价研究进行总结,论述了生态经济评价中存在的难点,并指明未来的研究方向。千年生态系统评估MA(Millennium Ecosystem Assessment)于2005年进一步将其归为4类(供给 provisioning,调节 regulating,文化 cultural 和支持 supporting),但此划分多停留在理论层面,缺乏管理和实际应用。

20世纪90年代中期,我国学者开始系统地进行工程运行的系统服务功能及其价值评价的研究工作,研究领域涉及森林、草原、城市、高原、海洋、河流、湖泊、农田、平原、沙漠、山地和水生态系统等诸多领域,研究理论和方法比较成熟,研究成果也有较大的借鉴意义。靳芳、余新晓等在我国森林工程系统类型划分的基础上,研究了不同森林工程类型(包括人工和半人工森林生态类型)的服务功能,将我国各类森林总体服务功能划分为8大类型,在 Costanza 等提出的全球生态系统服务功能评价指标的基础上,结合我国森林工程系统的特点,构建了一系列可用于我国不同类型森林生态系统价值评估指标体系,利用该指标体系估算出我国森林工程系统服务功能的直接价值、间接价值及总价值。赵同谦等在森林工程系统服务功能的基础上,以2000年为评价基准年进行了森林工程系统服务价值初步评价,其进一步加强了森林工程系统服务功能机制的基础研究和不同尺度下空间数据的耦合和应用方法研究。范小杉等根据河流工程系统服务特点,将河流工程系统服务功能分为淡水供应、水能提供、物质生产、生物多样性的维持、生态支持、环境净化、灾害调节、休闲娱乐和文化孕育等,最后对各项服务功能进行了分析。张代清等以河道内流量为量化指标,建立了河流工程系统服务价值评价模型,介绍了河流工程系统服务价值的价值量评价方法,研究成果以服务效应和评价模型方式揭示了河流工程系统服务价值与河道内流量之间的复杂函数关系,为河流的高效利用提供了参考。张素珍等以白洋淀湿地为典型研究区域,采用市场价值法、权变估价法、生产成本法、影子工程法、模糊数学法、旅行费用法、生态价值法等对湿地的工程服务价值进行了系统的估算,并对湿地工程系统服务功能价值评价涉及的价值排序、价值系数、价值动态各个侧面的研究分别予以评述。杨爱民等以南水北调东线一期工程受水区涉及的 89 个县(市、区)为单元,采用模糊聚类分析法,根据受水区的生态水文特征,将受水区分为 5 个生态水文区,根据工程系统服务功能理论,提出调水为受水区生态保育措施、城市绿地与湿地生态系统带来的物质量与价值量的评估方法,计算出调水能够为受水区带来的工程效益总价值,为制定南水北调工程生态环境保护及水资源可持续管理策略与措施提供了有效参考。吕永龙等采用由德国著名生态控制论专家 Vester 和 Hesler 教授提出的“灵敏度模型”方法,将系统科学思想、生态控制论方法及城市规划融为一体,解释、模拟、评价和规划城市复杂的系统关系,来模拟城市生态系统并对其进行改进,为评价城市持续发展能力、探讨其持续发展对策提供了新的思路。欧阳志云等从生态系统产品和支撑与维持人类赖以生存的环境等两大类工程系统的服务功能着手,对我国陆地生态系统进行研究,研究表明我国陆地生态系统具有巨大的生态经济效益,对维持我国社会经济的可持续发展具有不可替代的作用。何浩等利用遥感技术,结合生态学方法,在生态参数遥感测量的基础上,计算了中国陆地生态系统 2000 年的生态服务价值,得到中国陆地生态系统 2000 年所产生的生态服务价值,总体空间分布由东向西递减、由中部向东北和南部递增,与植被的地带性分布梯度基本一致。赵军等从研究对象、价值构成、研究方法、时空过程 4 个方面对生态系统服务价值评估的当前特征进行了分析,探讨了价值评估中评估基础、评价方法以及结论应用等问题,指出国内必须加强生态系统服务理论和方法研究,展望了未来工程系统服务价值评估研究和工作的重点领域。李文华等从感性认识实践时期、短期零散研究时期、长期系统观测时期、全面价值评估时期 4 个时期回顾我国生态系统服务研究,并简要概括了所取得的成就和存在的问题,指出中国生态系统服务的研究应该尽快由当前的概算式研究转向更深层次的研究,尤其要重点关注生态系统功能的基础理论研究、评估指标与方法的标准化、生态服务价值动态评估模型研究、评估结果在决策过程中的应用研究以及生态系统服务的市场化机制研究。2020 年,国家发改委发布了“美丽中国建设评估指标体系”,从空气清新、水体洁净、土壤安全、生态良好、人居整洁 5 个方面建立了 22 项具体指标,规范了工程运行对生态系统健康程度的评价方法,对太阳山供水工程的多维度效益评估有一定的启发意义,但是各指标权重仍需通过研究进一步确定。

1.4.3 方法实践

当前国内外针对工程效益的定量评价方法归纳起来主要有 3 种,分别为实物评估法、货币价值评估法和能值评估法。

实物评估法,即采用调查、统计或查阅资料等方式获得工程系统服务实物量相关数据的方法,适用于客观存在、肉眼可见的实物形态工程服务(产品)供给评估,如河流工程系统提供的水资源、水产品、水电等。实物评估法过程简单、易被普通公众所理解和接受,但不同类别实物之间无法实现加总、对比和分析,且不能对非实物形态存在的环境净化、洪水调蓄、气候调节服务类型予以量化,评价结果难以引起人们对工程服务价值的重视,因此多作为货币价值评估和能值评价法的基础。

货币价值评估法,即用货币价值量化生态系统服务的方法,是国内外工程系统服务评估应用最为普遍的方法。目前,较为常用的具体的货币价值评估方法主要有市场价值法、费用支出法、机会成本法、恢复和防护费用法、替代工程法、影子价格法、人力资本法、旅行费用法、享乐价格法、条件价值等。一般某类工程系统服务若有其市场价格则首选市场价值法;当缺少市场价值时,则采用替代市场法(如费用支出法、机会成本法等);最后才是模拟市场法(如条件价值、支付意愿等法)。Brauman 等列表归纳了 13 种河流工程系统服务类型及其适用的货币价值评估方法;郝弟等也对国内评估方法做了总结。货币价值评估法反映人类的支付意愿,但由于工程多维度效益的复杂性和人类认知的局限性,很多重要工程系统服务尚未被认知,且大多数服务和产品并没有在市场上买卖、不存在价格标签,当前的效益评估方法普遍主观性、随机性突出,争议较大,针对具体工程需要通过研究进一步确定各项服务价格。

能值评估法是综合自然生态系统与人类社会经济系统,以太阳能能量为基本衡量单位,与能量流图相结合研究不同时间和空间尺度下生态系统提供的服务或产品,综合人类经济社会产品及其经济产值数据,估算生态系统服务或产品的能值及其货币价值;其特点是以能值为桥梁将自然生态系统服务纳入经济社会系统,使工程系统服务货币价值评估更具合理性,但能值评估法缺乏与热力学等学科相关概念的联系,各类工程服务和能值、能值和能源数量换算方法缺少基础科学研究支持,分析过程并不完全遵循热力学定律,且假定生态经济系统以最大化利用能量原则为前提(这一原则明显与客观实际不符)衡量物质生产过程中消耗的太阳能能值,但如净化环境、调蓄洪水、保护生境等工程系统服务与太阳能关系不大甚至没有任何关系,采用能值予以量化则有失偏颇,且评估过程不反映工程系统服务的稀缺性,忽视以人类偏好和需求为中心的经济学基本原理;此外所计算产品产量、能值与货币价值所需数据繁杂(难以避免数据重复和遗漏)、过程复杂、计算难度大,因此国外应用中遭受较多诟病。

综上所述,供水工程的多维度效益评估需要通过工程的经济、社会以及生态系统服务价值来体现。经过近 40 年的发展,工程的系统服务价值经历了从无到有、从简单到复杂、从笼统到细化、从实物评估到能值评估和价值评估的发展过程。近年来,工程的系统服务与管理理念发展很快,为科学决策和人与自然和谐发展提供了将经济、社会与生态效益密切结合的综合框架。当前,工程的系统服务价值评价方法多是建立在以人为中心的基础上,人类的支付意愿对生态系统服务产生严重影响,其结果有主观性与不确定性,工程系统服务价值评估方法的建立及应用比较零散,不同方法的侧重点也是不同的,常用的以价格方式来估算生态服务价值使其达到价值化的目的具有一定的难度,国际上尚未出现标准的能让大家公认的计算方法。目前,人们对工程的服务功能在对经济、社会以及生态效益评价的认识等方面均存在不确定性。因此,寻求科学的方法来量化供水工程在"经济-社会-生态"系统视角下的系统服务价值,明确其价值水平,将对未来进一步完善供水工程系统服务功能价值量评估产生深刻影响。但是针对太阳山供水工程这种西北旱区引黄供水工程,还未见成熟的供水工程多维度效益评估指标体系和评价方法,亟须通过本项目开展针对性研究。

1.4.4　发展趋势

1.4.4.1　理论研究由单纯经济学向多领域、多学科研究转变

经济学的理论和观点都是以人类为核心的,主要研究资源配置和市场运行,强调市场和价格的作用,认为价格机制可以解决一切问题,但是目前所面临的环境污染和资源耗竭是市场和价格所解决不了的。人类的经济活动是建立在自然生态系统基础之上的,人类应当从长远的角度来研究人类经济社会发展的规律。因此,供水工程效益问题不仅仅是单纯的经济学问题,更是生态、环境、社会、经济的多领域、多学科问题。所以,水资源供给价值研究在原有经济学的基础上,更要加入社会学、环境学和生态学的研究。

1.4.4.2　研究对象由单一经济系统向多维系统转变

以往一般都是将水资源供给价值作为一个单独的个体进行考虑,但是水资源的经济活动和自然生态是相互约束、相互依赖的。没有不受经济活动影响的生态过程,也没有不受自然环境约束的经济活动,且经济的增长依赖于环境,因此供水工程要在多维系统中综合考虑,研究对象要综合经济、社会、生态和环境。

1.4.4.3　研究重点由单一经济价值向多维价值转变

为人类提供生产生活必需的资料是水资源的经济价值;满足人类精神文明和道德建设是水资源的社会属性;维护自然生态平衡、预防地面沉降、气候调节是水资源的生态价值;吸附污尘、净化空气、美化环境是水资源的环境价值。因此,水资源不仅是质与量的统一,也是社会经济属性和生态环境属性的统一。以往的研究大多以水资源的社会经济价值为重点,较少考虑水资源的生态和环境属性,所以供水工程效益的考察必须建立在社会、经济、生态和环境综合考虑的基础上,从而提高供水工程效益价值计算的科学性和准确性。

1.4.4.4　评估方法由经济学方法向多维价值评估方法转变

传统的经济学方法有影子价格法、市场价值法、机会成本法、替代成本法、费用分析法等,都是只考虑了经济因素,近年来越来越多的学者意识到多维价值评价的合理性和重要性,出现了考虑水资源供给多维价值的灰色理论方法和模糊理论方法,还有能值价值论,初步实现了多维价值因素的连接。当前我国正处于经济结构转型升级的关键时期,社会经济发展与水资源短缺的矛盾日益凸显,水资源供给保障能力已经对经济社会的健康发展产生了重要支撑作用。目前,我国的供水工程效益价值评估研究与实践刚刚起步,水资源管理过程中水资源供给价值评估并没有显著的作用,有关部门应将水资源供给价值作为水资源管理的重要依据,开展流域及区域内的供水工程效益价值评估实践。

1.5　主要研究内容

1.5.1　研究价值

针对宁夏地区资源性缺水、工程性缺水、水质性缺水和管理性缺水的现状,采用科学合理的引黄供水工程是十分必要的。引黄供水工程对各区域的影响远远超出了单纯的水

利工程的范畴,对国家经济、社会环境、人民生活都造成了影响,不是仅靠单一学科就能解决的,是一个多学科、多领域的综合研究问题。单从表面来说,它是水资源的再度分配,可以解决地区的水资源短缺问题,其实深入研究就可以发现其中隐含着对社会经济、生态环境等的巨大而复杂的影响,有些是直接影响,有些是间接影响。

引黄供水工程对受水区的社会经济影响是不言而喻的,可以改善受水区的人均水资源量和生存环境,优化地区用水结构,推动产业结构升级,促进工农业发展。然而,引黄供水工程对受水区的生态环境影响鲜有研究,对局部地区的气候、水质的改善、水生生物等都有影响。为了更好地发挥引黄供水工程的效益,实现更好的生存环境和发展空间的初衷,对引黄供水工程的价值研究应当周密规划、科学论证,充分考虑各个方面的因素,基于可持续发展的理念,为后期的工程管理提供正确的指导。

从以往对引黄供水工程效益价值评价的研究成果可以看出,供水工程效益价值的理论及评估方法已被广泛使用到引调水工程的水资源价值评估中,供水工程水资源价值评估研究也逐步走向多维化,并且在供水工程的价值组成及其评估方法研究等方面均取得了一定的成果。这些理论和方法对于正确认识供水工程水资源供给效益;促进水资源合理分配起到了积极的作用。但是在供水工程效益价值评估研究中仍有很多不足,大致有以下几个方面:

(1)价值理论基础不够完善。供水工程效益与水资源或矿产资源等自然资源相比,其价值内涵有其自身的特殊性,然而现阶段鲜有研究。供水工程效益的内涵是价值评估的理论基础,确保价值评估的科学性。

(2)缺乏完整的评估指标体系。已有研究提出了从社会、经济、环境、生态等方面评价供水工程的方法,但是要系统、全面地认识供水工程效益价值还缺乏有效的指标体系的支撑,应当综合水资源的各项功能,考虑引黄供水工程水资源的特殊性,保证引黄供水工程效益评估的完整性和准确性。

(3)缺乏有效的评估方法体系。对于供水工程效益评估可以从定性和定量两个角度进行讨论,但是以往的分析都是将定性和定量分开讨论,或者定性,或者定量,没有将定性和定量相结合。针对供水工程效益价值指标的具体评估方法实用性也有待研究,应当结合多学科、多领域进行研究,在原有经济学的基础之上,加入生态学、环境学及社会学的研究。因此,供水工程效益评估方法体系还需要进一步地深入研究。

1.5.2　研究内容

太阳山供水工程承担着为太阳山开发区、盐池县城及周边乡镇、萌城工业园区、灵武市马家滩矿区农业用水区、白土岗养殖园区、红寺堡区村镇用水区以及同心精细化工产业园区等区域工农牧业生产、城乡居民生活和周边生态环境建设提供水源的重要任务,包含城市、乡镇、水库、河流、湿地、湖泊、绿地、地下水等十几个系统,各区域、系统之间以水为纽带相互联系,对其开展供水工程多维度效益评估是一项涉及多学科、多过程、多维度的系统工程。通过广泛调查、收集整理太阳山供水工程及相关研究区域生态、环境、经济、社会等基本资料,采取理论分析与实证调查相结合、定性分析和定量评估相结合的技术方法,从供水工程特点出发,以多学科联合为基础、以多维度分析为手段,构建太阳山供水工程多维度效益评估指标体系、模型、评估方法,科学评估太阳山供水工程建设运行的经济效益、社会效益以及生态环境效益,并以此提出新时代太阳山供水工程多维度效益提升的对策及建议。

本项目具体研究内容:①太阳山水库供水工程的多维度效益内涵与价值体系研究。开展实地调研与遥感监测,分析供水工程建设与受水区域,梳理工程水源工程、供水管网系统、水质处理站、用水户的运营基础参数;统计分析供水工程运行以来区域在经济社会发展以及生态建设方面发挥效益的基本特征,量化受水区在时空多维度下产业发展、城乡建设方面的效益类型,整理形成太阳山水库供水工程在时空多维度下经济、社会、生态环境本底数据库;基于受水区生活、工业、规模化养殖、植被下垫面以及城乡土地利用类型演变数据,分析供水工程效益在时间与空间多维度视角下的影响因素,明确、客观地描述供水工程的经济效益、社会效益以及生态效益的指标内涵与价值体系。②太阳山水库供水工程多维度效益评价指标体系构建与评价研究。结合工程运行管理特征确定多维度效益评价指标体系构建原则,研究工程多维度效益多级评价指标体系结构,构建"经济-社会-生态"系统视角下的多维度效益评价指标体系;基于分项效益评价方法和综合效益评价方法,探究融合经济效益、社会效益、生态环境效益的多准则层指标价值,定量描述与定性分析工程建设运行以来的经济效益、社会效益以及生态效益价值,研究太阳山水库供水工程多维度视角下的分项效益与综合效益,综合评价并揭示工程多维度效益发挥的时空分布特征。③太阳山水库供水工程多维度效益影响关键因子辨识研究。基于多级模糊理论构建太阳山水库供水工程多维度效益评价模型,运用模型模拟评价水库供水工程时空多维度下的经济效益、社会效益以及生态环境效益,研究工程分项和综合效益发挥的指标调控阈值,生成多场景类型、多应用工况、多需求目标的供水工程效益优化方案,多场景辨识影响供水工程运行多维度效益发挥的关键因子,提出增进工程多维度综合效益发挥的建议和举措,以期通过本项目的系统研究为太阳山水库供水工程多维度效益提升和区域供水结构优化提供理论研究支撑。

1.6 研究技术路线

本书通过调查研究太阳山供水工程多维度效益内涵与价值,揭示工程的多维度效益指标类型与特征,探索描述工程经济效益、社会效益以及生态效益的多维度效益评估方法;确定工程多维度效益评价指标体系的构建原则,研究工程多维度效益多级评价指标体系结构,构建"经济-社会-生态"系统视角下的多维度效益评价指标体系;基于供水工程的多维度分项效益与综合效益评价方法,定量描述与定性分析工程建设运行以来的经济效益、社会效益以及生态效益价值,揭示工程多维度综合效益的时空分布特征,探究供水工程多维度效益演变关键驱动机制;基于构建的多级模糊理论多维度综合效益评价模型,综合评价工程供水多维度效益水平。

项目研究技术路线如图1.6-1所示。

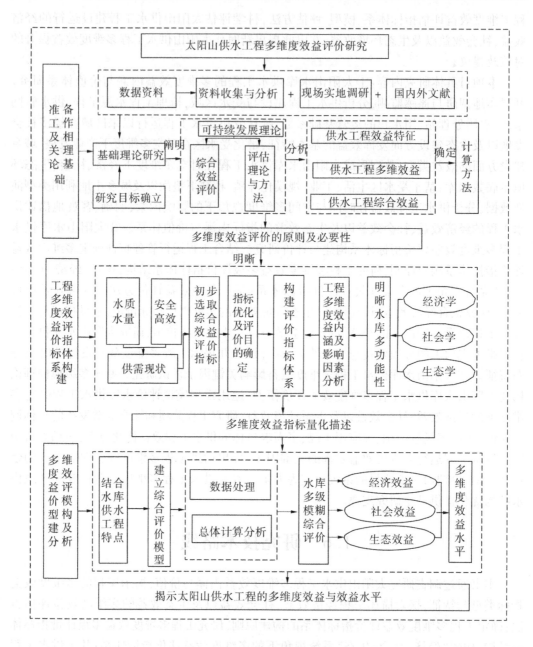

图 1.6-1 项目研究技术路线

1.7 研究范围与水平年

1.7.1 项目的研究范围

太阳山供水工程取水口位于盐环定扬黄工程五干渠8+550处,水源工程为刘家沟水库,受水区为太阳山开发区、盐池县城及周边乡镇、萌城工业园区、灵武市马家滩矿区农业用水区、白土岗养殖园区、红寺堡区村镇用水区以及同心精细化工产业园区。因此,确定本项目的研究范围为工程供水的受水区范围,即太阳山开发区(含太阳山镇)、同心县工业园区、盐池县城(花马池镇)等7个乡镇人畜饮水和萌城工业园区、红寺堡区糖坊梁、小泉、巴庄等村镇,以及灵武市马家滩矿区与白土岗养殖基地,区域水资源及其开发利用状况的分析范围涉及太阳山开发区、同心县、盐池县、红寺堡区及灵武市。

1.7.2　研究的水平年选取

太阳山供水工程(一期)于2008年建成并已经充分发挥了工程的供水效益,太阳山供水工程(二期)水源工程于2022年7月正式开工建设,目前水源工程坝体填筑已顺利封顶,二期工程中的新建净水厂、加压泵站等工程正处于建设当中,即二期工程尚未发挥实际供水效益。考虑到太阳山供水工程的实际供水运行数据、受水区国民经济和社会发展统计数据、生态环境统计数据、遥感解译数据、区域水资源开发利用数据、区域水资源配置规划等基础资料可收集整理的完备性,本研究选取2020年作为太阳山供水工程多维度效益评价的现状水平年。因此,本书主要针对2020年现状水平年太阳山供水工程受水区供水实际所产生的经济效益、社会效益以及生态环境效益进行综合评价分析与研究工作。

第 2 章　受水区基本情况

2.1　区域基本情况

2.1.1　地理位置

2.1.1.1　同心县

同心县地处宁夏回族自治区中南部,位于东经 105°17′~106°41′,北纬 36°34′~37°32′。东北与盐池县接壤,东南与甘肃环县为邻,南与固原市毗邻,西连海原县、中卫市,北接中宁县、红寺堡区等地。南北长 102 km,东西最宽处达 135 km,平均海拔 1 344 m。

2.1.1.2　盐池县

盐池县位于宁夏回族自治区东部、毛乌素沙地南缘,属陕、甘、宁、蒙 4 省(区)交界地带,东邻陕西定边县,南接甘肃环县,北靠内蒙古鄂托克前旗,西连本区灵武、同心两市县,属鄂尔多斯台地向黄土高原过渡地带。地理位置在北纬 37°04′~38°10′,东经 106°30′~107°39′,南北长 110 km,东西宽近 66 km,辖区总面积 8 551.6 km²,是宁夏面积最大的县,占全区总面积的 12.9%。

2.1.1.3　红寺堡区

红寺堡区属宁夏吴忠市辖区,位于烟筒山、大罗山和牛首山三山之间,地处东经 105°43′45″~106°42′50″,北纬 37°28′08″~37°37′23″,东临盐池,西接中宁,南起同心,北连利通区、灵武市。北距首府银川市 127 km,南距固原市 220 km。红寺堡区东西长约 80 km,南北宽约 40 km,区域面积 2 767 km²,海拔 1 240~1 450 m。

2.1.1.4　灵武市

灵武市位于宁夏中部,地理坐标东经 105.59°~106.37°,北纬 37.60°~38.01°。地处黄河东岸,东靠盐池县,南接同心县、吴忠市,西滨黄河与永宁县相望,北与内蒙古鄂托克前旗接壤,是宁夏回族自治区银川市所辖市县区之一。南北长 98 km,东西宽 54 km,总面积 4 639 km²。

2.1.2　地形地貌

2.1.2.1　同心县

同心县地处黄土高原与内蒙古高原的交界地带,地势由南向北逐渐倾斜(南高北低)。地貌类型为丘陵、沟壑地、山地、川地、塬地、涧地、黄土地、土石丘陵地和洪积扇地交错分布。以山地为主,地形复杂,沟壑纵横。

北部属宁夏中部山地与山间平原区,自西向东分布有香山北东麓洪积扇、清水河河谷平原,大小罗山、韦州-下马关盆地、青龙山。南部为黄土丘陵。

香山北东麓分布有饮泉子沟和小洪沟的山前洪积扇,地面高程 1 380~1 416 m,地形由北西向南东倾斜,坡降为 5.67‰。地表由垂直山体的冲沟横切于洪积扇上,沟深多在 1.0~5.0 m,靠近山体处冲沟浅而宽,呈 U 形谷,至洪积扇中部到前缘冲沟深而窄,呈 V 形谷。

清水河河谷冲洪积平原,地势南高北低,地形平坦,海拔 1 300~1 500 m。南部属于黄土丘陵区,地面高程 1 600~2 200 m,地势南高北低,切割剧烈,沟壑纵横,梁峁如涛,水土流失严重。

2.1.2.2　盐池县

盐池县区域属鄂尔多斯西部,南高北低,海拔 1 300~1 951 m,高差达 650 m,大部分地区地形平缓,表现为微波起伏平原,相对高差 20~50 m。县内有中部干旱台地丘陵区和黄土丘陵区两大地貌类型,以惠安堡杜记沟、狼布掌和大水坑摆宴井、马儿沟、关记沟以及红井子李伏渠、二道沟等一线为界,此线以南为黄土丘陵区,海拔一般为 1 600~1 800 m,最高 1 951 m,下分黄土残源地、梁峁坡地、沟台地类型。该线以北为中部干旱台地丘陵区,由于侵蚀严重,地面多以缓坡丘陵出现,下分丘陵坡地、丘陵间滩地、平台地、盐湖洼地、沙丘沙地。

2.1.2.3　红寺堡区

红寺堡区主要由罗山古洪积扇、红寺堡洪积冲积平原和黄河河谷平原构成,地形平坦开阔,整个地势由东南向西北倾斜,坡度 1/50~1/150,平均海拔 1 240~1 450 m。

2.1.2.4　灵武市

灵武市自然地形大致可分为两大部分,即东部山区、西部川区,海拔 1 107~1 647 m。东部山区属鄂尔多斯台地,包括丘陵、沙漠,占全市总面积的 89%;丘陵地带地形开阔,是天然牧场,占山区面积的 22%。西部川区系黄河冲积而成,占全市面积的 11%,是全市的粮食主要产地。

2.1.3　社会经济

2.1.3.1　同心县

同心县辖 7 镇 4 乡 1 个街道办事处,国土面积 4 662 km²,根据 2021 年 6 月同心县公布的第七次人口普查结果,同心县 2020 年常住人口 32.08 万人,其中农村人口 18.07 万人,城镇人口 14.01 万人,城镇化率 43.67%。实现地区生产总值 103.00 亿元,其中第一产业增加值 16.97 亿元,第二产业增加值 35.59 亿元(工业增加值 30.18 亿元),第三产业增加值 50.44 亿元,三次产业比重为 16.5∶34.5∶49.0,人均地区生产总值 3.21 万元。

2020 年全县耕地面积 153.64 万亩,粮食作物播种面积 121.9 万亩,粮食产量 33.1 万 t。全年生猪出栏 0.47 万头,牛出栏 5.19 万头,羊出栏 110.94 万只,家禽出栏 59.15 万只;年末生猪存栏 0.91 万头,牛存栏 6.88 万头,羊存栏 82.49 万只,家禽存栏 21.95 万只。

2.1.3.2　盐池县

盐池县为吴忠市市辖县,2019 年行政划调整后,将盐州路街道办事处从花马池镇分离出来，目前全县下辖 4 个乡、4 个镇及 1 个街道办事处，即王乐井乡、青山乡、冯记沟乡、麻黄山乡、花马池镇、大水坑镇、惠安堡镇、高沙窝镇、盐州路街道办事处。全县共有 11 个居委会和 96 个村委会。

根据 2021 年 6 月盐池县公布的第七次人口普查结果，2020 年盐池县常住人口 15.92 万人，城镇人口 8.80 万人，乡村人口 7.12 万人，城镇化率 55.28%，与 2010 年人口相比，年均人口自然增长率 7.8‰。2020 年盐池县实现地区生产总值 115.40 亿元，其中第一产业实现增加值 9.94 亿元，第二产业实现增加值 61.99 亿元(工业增加值 50.40 亿元)，第三产业实现增加值 43.47 亿元。

2020 年盐池县生猪出栏 57 570 头，牛出栏 3 695 头，羊出栏 1 296 462 只，家禽出栏 70 041 只;年末生猪存栏 46 194 头，牛存栏 19 367 头，羊存栏 1 173 265 只，家禽存栏 119 379 只。

2.1.3.3 红寺堡区

红寺堡区辖 2 镇 3 乡 1 个街道办事处，国土面积 2 767 km²，根据 2021 年 6 月红寺堡区公布的第七次人口普查结果，截至 2020 年底，全区常住人口 19.76 万人，其中农村人口 11.84 万人，城镇人口 7.92 万人，城镇化率 40.08%。实现地区生产总值 71.2 亿元，其中第一产业增加值 8.92 亿元，第二产业增加值 34.49 亿元(工业增加值 30.28 亿元)，第三产业增加值 27.79 亿元，三次产业比重为 12.5∶48.4∶39.1，人均地区生产总值 3.6 万元。

2.1.3.4 灵武市

灵武市辖 1 个街道(城区街道)，6 个镇(东塔镇、郝家桥镇、崇兴镇、宁东镇、马家滩镇、临河镇)，2 个乡(梧桐树乡、白土岗乡)，1 个国有农场(灵武农场)，1 个国有林场(狼皮子梁林场)。根据《灵武市 2020 年国民经济和社会发展统计公报》，截至 2020 年底，全市常住总人口 29.41 万人，其中城镇人口 20.09 万人，乡村人口 9.32 万人，城镇化率 68.3%。实现地区生产总值 533.26 亿元，其中第一产业增加值 13.56 亿元，第二产业增加值 441.4 亿元(规模以上工业增加值 243.7 亿元)，第三产业增加值 78.3 亿元，三次产业比重为 2.5∶82.8∶14.7，人均地区生产总值 18.13 万元。

2020 年全市粮食作物播种面积 25.42 万亩、粮食产量 14.98 万 t。年末生猪存栏 7.84 万头，牛存栏 8.1 万头，羊存栏 44.72 万只，家禽存栏 34.02 万只。

2.1.4 水文气象

2.1.4.1 同心县

同心县地处宁夏中部干旱带的核心区，自南向北由中温带半干旱区向干旱区过渡，具有明显的大陆性气候特征:冬寒长，春暖迟，夏热短，秋凉早，干旱少雨，降雨集中，蒸发强烈，风大沙多，日照充足。多年平均降水量 270 mm，且时空分布极不平衡，降水大部分集中在 7—9 月，占全年总降水量的 60%~70%，并多以暴雨、冰雹等灾害形式出现，利用率低。大风天气(风速≥17 m/s)年平均在 8~46 d，大多出现在冬春季节。大风出现时往往伴有沙暴，平均每年达 20 d。年平均气温 8.7 ℃，最高气温出现在 7 月，最高气温极值 37.9 ℃，最低气温极值为 -27.7 ℃。年辐射热平均 142 kcal/cm²，日照时数在 2 750~3 000 h。主要自然灾害有沙尘暴、干热风、霜冻、冰雹等，其中以干旱危害最为严重。

2.1.4.2　盐池县

盐池县属典型的中温带大陆性季风气候,少雨多风,气候干燥,蒸发强烈,水资源奇缺,生态脆弱。境内多年平均降雨量 296.4 mm,降雨年内年际变化很大,有的年份只有 160 mm,且多集中在 7—9 月,降水量占全年降水量的 62% 左右,降水分布自东南向西北减少;多年平均蒸发量高达 2 095.0~2 179.8 mm,为降雨量的 6~7 倍;多年平均气温 8.5 ℃,7 月平均气温在 24 ℃ 以上,多年最高气温 38.1 ℃,最低气温 -29.6 ℃,全年大于等于 10 ℃ 积温 3 500 ℃ 以上;太阳辐射资源丰富,日照时数长,全年日照时数 2 867.9 h;主要风向冬春多为西北风,夏季主要为南风和东南风,月平均风速 3.2~3.5 m/s,年平均风速 2.9 m/s,多年平均最大风速 18.6 m/s,大风以春季为多,3—5 月的大风日数占全年大风日数的 40% 左右;无霜期较短,多年平均为 128 d,一般在 9 月 15 日左右出现初霜,翌年 6 月 1 日左右终霜,每年 11 月中旬进入冻结期,翌年 3 月底开始解冻,冻土深度一般为 1.6 m,冻结期长达 5 个月。主要灾害天气为干旱、大风、冰雹、暴雨。

2.1.4.3　红寺堡区

宁夏吴忠市红寺堡区属温带干旱区,具有明显的大陆性气候特征,干旱少雨,蒸发强烈,风大沙多,"一年一场风,从春刮到冬,风吹石头跑,地上不长草"曾是灌区开发前的显著特点。灌区多年平均降水量 277 mm,降水年内分配不均匀,多集中在 7—9 月,占全年降水量的 61.8%。多年平均水面蒸发量 1 280 mm(E601 型),为降水量的近 5 倍。灌区多年平均气温 8.4 ℃,最冷 1 月平均气温 -7.7 ℃;最热 7 月平均气温 22.7 ℃。极端最低气温 -27.3 ℃,极端最高气温 38.5 ℃,多年平均日温差 13.7 ℃。全年大于等于 10 ℃ 的有效积温 2 963.1 ℃。全年日照时数多年平均 2 900~3 055 h,日照百分率 65%~69%,太阳辐射强度 143.9 kcal/cm²,是光照较丰富的地区之一。灌区初霜期在 10 月 4—15 日,终霜期 4 月 12—21 日,无霜期 165~183 d。多年平均风速 2.9~3.7 m/s,天数 31 d,最大风速 21 m/s。主要气象灾害有干旱、干热风、沙尘暴、霜冻、冰雹等。

2.1.4.4　灵武市

灵武市地处西北内陆,属典型的大陆性干旱气候,四季分明,温差较大,气候干旱少雨,蒸发量大,日照充足,冬季漫长而寒冷,春季干旱风沙多。多年平均降水量约 183 mm,多年平均水面蒸发量(E601 型)1 489 mm,干旱指数 8.1,属于干旱气候区。多年平均气温 8.9 ℃,最低气温 -28.0 ℃,最高气温 41.4 ℃,气温年均差均大于 30 ℃;平均气压 889.5 hPa,平均水汽压 7.9 hPa,平均相对湿度 57%;多年平均风速 2.6 m/s,平均大风日数 14 d,平均沙尘暴日数 11 d,以春季居多。主要灾害天气有暴雨、霜冻、冰雹、大风、沙暴、干热风等。

2.1.5　河流水系

2.1.5.1　同心县

同心县西侧属清水河流域,其境内有常流水沟道 5 条,二级沟道有折死沟、边浅沟、洪泉沟、长沙河;三级沟道有黑风沟、丁家沟。北部属苦水河水系,有常流水的二级沟道为甜水河。

1. 清水河水系

清水河为宁夏境内黄河一级支流,发源于固原市南部开城附近,流经固原市原州区、海原县、同心县至中宁泉眼山入黄河,全长 320 km,流域面积在宁夏区内 13 511 km²。东南西三面为地形破碎、沟谷发育的黄土地貌,中为南高北低的河谷平原。

清水河自同心县张家塬乡吊堡子进入同心县境,至河西镇的大烘沟出境,全长约 50 km,流域面积 4 400 km²,年径流量 0.337 亿 m³。其水文特点是水量小、泥沙多、水质差、变化大。清水河流域苦咸水分布很广,从上游至下游矿化度逐渐增高,在上游的原州站为 0.65 g/L,中游韩府湾增至 3.5 g/L,到河口泉眼山则增至 4.9 g/L。因此,在该地区开发利用价值极低。

2. 苦水河水系

苦水河是直接入黄的一级支流,发源于甘省环县沙坡子沟脑,全长 224 km,集水面积 5 218 km²(区内 4 942 km²)。其中,苦水河在同心县境内流域面积 1 700 km²,主沟道长 30 km,年径流量 0.061 亿 m³,矿化度 6.9 g/L,由于水质差,无法利用。

2.1.5.2　盐池县

按水资源分区来讲,盐池县地处 4 个水资源分区的四级区,即苦水河流域、盐池内流区、泾河流域以及黄河右岸诸沟,境内河流主要有苦水河、马莲河以及苦水河一级支流小河等。

1. 苦水河流域

苦水河属黄河一级支流,其中盐池县境内流域面积 1 167 km²,主沟道长 50 km,主要支流为小河,境内集水面积小于 50 km² 的沟道有 16 条,50～100 km² 的沟道 3 条,100～1 000 km² 的沟道 1 条,有常流水的沟道 5 条。小河上游有 5 座塘坝,蓄水用于周边农田灌溉。灌溉 340 亩水浇地,主要种植苜蓿、玉米,同时也是县内约 600 只羊饮用水源。塘坝下游 1 km,有苦水沟沟水汇入,水质较差。

2. 盐池内流区

盐池内流区面积 5 032 km²,盐池县境内面积 4 608 km²。盐池内流区主要有红山沟、北马坊沟、营盘台沟、洪沟等沟道,年径流量 3 430 万 m³。这些沟道除北马坊沟、洪沟最终汇入湖泊外,其余沟道地表径流逐渐消失或潜入地下。

受盐池内流区域特殊的自然环境和地质构造的影响,南部地区地表水矿化度在 3 000～4 000 mg/L,水质较差;北部矿化度在 1 500～2 000 mg/L,水质相对较好,可供人畜饮用;矿化度在 7 000～8 000 mg/L 的地表水在盐池县多为岛状分布。盐池是宁夏高氟区之一,氟含量大于 2.0 mg/L 的地域多有分布,相当一部分地方氟含量高达 5 mg/L。

根据《宁夏回族自治区县(区)水资源详查报告》,盐池内流区诸沟道中,共有 8 条常流水沟道,其中红山沟常流水量较大,为 0.021 m³/s,其他沟道流量都在 0.001～0.008 m³/s。

3. 泾河流域

泾河水系在宁夏境内总面积 4 955 km²,主要支流有策底河、泾河干流、暖水河、颉河、洪川河、茹河、蒲河、环江 8 条。流经泾源、原州区、彭阳、盐池 4 县(区)后进入甘肃省华亭、平凉、镇原及环县。泾河水系在盐池境内面积 775 km²,为支流环江。

4.黄河右岸诸沟

黄河右岸诸沟流域面积 70 km²,无常流水沟道。

2.1.5.3　红寺堡区

红寺堡区有 3 条河流,分别为清水河、苦水河和红柳沟,均为黄河一级支流。

清水河位于辖区西部边缘的新庄集乡,为红寺堡区与中宁县界河,即马家河湾河段,发源于固原开城乡,南北流向,于中宁县泉眼山入黄河,汇流面积 14 481 km²;苦水河位于辖区东部,流经太阳山镇,即红沟窑至红崖湾河段,是黄河的一级支流,发源于甘肃省环县,经灵武市新华桥入黄河,全长 224 km,汇流面积 5 218 km²(区内 4 942 km²);红柳沟发源于红寺堡小罗山,沿红寺堡灌区的中部由东南流向西北,经中宁鸣沙乡入黄河,全长 103.5 km,平均比降 4.16‰,汇流面积 1 064 km²。

2.1.5.4　灵武市

灵武市水系分两大部分:一是山区,又分为苦水河流域、盐池内陆河流域区和黄河右岸诸沟流域区,流域面积分别为 1 401 km²、424 km² 和 484 km²;二是引黄灌区,土地总面积 376 km²,又分为秦渠、汉渠、东干渠、农场渠、梧干渠灌区和沿河沿沟扬水灌区。按照沟、渠、田、林、路综合治理原则和规划标准,具体设计干、支、斗、农渠和干、支、斗、农沟,砌护渠道和配套建筑物。

盐池内流区:该区域包括高立墩山以东、夹山以北和大羊井至羊家窑山一线以南、杨家窑山到海子井一线以东的两部分与盐池相邻的东部地区。灵武市境内面积 424 km²。区域沟道较少,水质差,矿化度较高。

苦水河流域:苦水河为黄河一级支流,发源于甘肃省环县沙坡子沟脑,由甘肃省环县进入宁夏,经盐池、同心、灵武、利通区 4 县区,在灵武市新华桥镇入黄河。灵武市境内河长 130 km,流域面积 1 401 km²,河道平均比降 1.68‰。

黄河右岸诸沟流域:黄河右岸诸沟一般上游狭窄,下游较开阔,主要有大河子沟、水洞沟等,多为季节性沟道,汛期出现短暂的水流,非汛期为干沟,灵武市境内面积 484 km²。其中较大的支流水洞沟发源于内蒙古鄂托克前旗上海庙火石滩,自东向西于灵武市园艺场入黄河。

黄河干流:黄河是宁夏唯一的过境水源。自中卫市南长滩入境,经卫宁灌区,入青铜峡水库,穿青铜峡灌区,自石嘴山麻黄沟出境,宁夏境内全长 397 km,其中灵武市境内约 50 km。

按照水资源评价流域分区又将灵武市境内东部与盐池交界处部分地区划分为盐池内流流域;汇入苦水河的南部地区划分为苦水河流域;境内的大河子沟、水洞沟等沟划分为黄河右岸诸沟流域。

区域水资源分区见图 2.1-1。

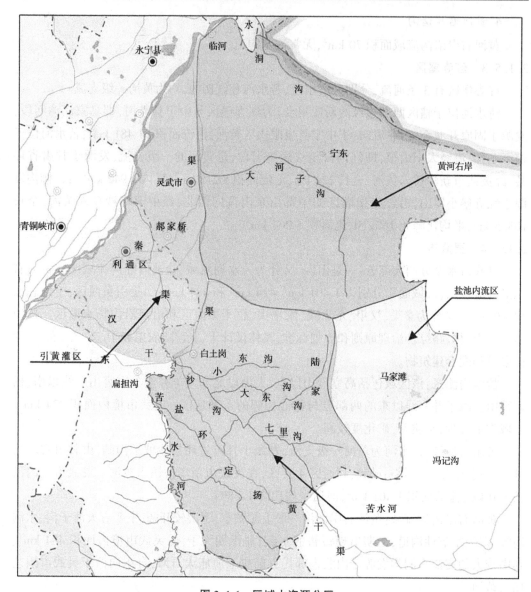

图 2.1-1 区域水资源分区

2.2 受水区概况

2.2.1 地理位置

太阳山供水工程位于盐池县西南部的惠安堡镇,供水水源刘家沟调蓄水库位于惠安堡镇红墩子分水岭以北 17 km 的刘家沟,地理坐标位置为东经 106°36′30.26″、北纬 37°34′56.56″。受水区涉及太阳山镇、盐池县、灵武南部,均地处宁夏中部干旱带,地势南高北低,海拔 1 300~1 800 m,南部为黄土丘陵沟壑区;北部为鄂尔多斯丘陵区,与宁东能源化工基地相邻,地势开阔平缓;西部为罗山东麓太阳山工业园区,东部至盐池县城。

2.2.2　地形地貌

2.2.2.1　项目区地形地貌

项目区处于灵武市与盐池县交界地带,为鄂尔多斯高原的一部分,属毛乌素沙地南缘的缓坡丘陵区,荒漠、半荒漠化,一般海拔高度 1 340~1 400 m。总体上讲,地势呈现西高东低、南高北低之趋势。地形多呈梁岗状,台地及封闭型洼地,部分地段分布着零星的流动砂丘。梁岗多呈南北向延伸分布,宽 100~500 m 不等,长度较长,几千米至几十千米不等,顶部宽阔平缓。梁顶高出洼地 30~50 m,两者多呈 5°~7°缓坡相接。在一些地带形成许多封闭型洼地,为地表水和地下水汇集地带。地下水多为高矿化度水。由于长期蒸发、浓缩作用及化学作用较强,终而形成一系列盐碱地和盐地。

2.2.2.2　库区地形地貌

库区地貌原为缓坡丘陵区,荒漠半荒漠化,高程在 1 342~1 387 m。地形呈梁岗状,经过长期剥削切割,外貌呈低矮而平缓的起伏地形,顶部基岩常直接裸露,风化一般较严重,有时表层为残积物掩盖。刘家沟沟底有地表水,河曲发育,沿沟道方向发育着 I 级阶地,宽 40~380 m,左岸 I 级阶地宽度较大,右岸由于水流的侧向冲刷,I 级阶地宽度普遍较窄,个别地段有缺失。沿刘家沟两岸冲沟较发育。2007 年,刘家沟水库施工时对沟谷中的土层开采作为大坝的填筑料,对沟谷左岸的开采过程遗留下数米高的陡坎。

2.2.2.3　坝址区地形地貌

刘家沟水库坝址位于刘家沟上游段,该沟为一沿丘陵低洼处冲蚀形成的山洪沟,在坝址处呈南北向展布,主沟槽位于沟底中部偏右,呈 U 形,深约 4 m,沟道两侧岸坡平缓,并发育有 I 级阶地。当沟底高程 1 344~1 346 m 时,沟宽约 21.0 m;当坝顶高程 1 366.5 m 时,沟宽约 1 087 m。沟内第四系覆盖层在沟底较厚,为 10~16.5 m,两侧较薄,一般为 1~3 m,局部达 11.3 m。

坝址区除存在土层湿陷、沙土液化地质问题外,无崩塌、滑坡、泥石流等其他地质灾害现象,场区现状稳定。

2.2.3　社会经济

太阳山工业园现有职工人数 0.40 万人,累计完成各类投资 300.26 亿元,实现工业总产值 145 亿元,年均增长 135%;地方财政收入 3.08 亿元,年均增长 50% 以上。投产了 110 万 t 煤焦化、5 万 t 金属镁、44 万 kW 风电、160 MW 光伏发电等一批大项目,建成了 330 kV 变电站 2 座、110 kV 变电站 8 座、200 余 km 道路等一批重大基础设施项目,完成了生态绿化 3.5 万多亩。

同心工业园区从业人员 3 250 人,新增就业岗位 750 个,安排建档立卡贫困户 400 人。全年规上企业实现工业总产值 49.6 亿元,同比增长 14%。

羊绒交易市场吞吐原绒 1 510 余 t,交易额 6.42 亿元。园区工业经济呈现逆势上扬和稳步攀升的态势,成为推动县域经济发展、促进群众脱贫致富的中坚力量。园区现状企业主要以发展羊绒纺织、特色农副产品加工为主,精细化工产业及装备制造产业为辅。其中,羊绒产业依然稳步发展,完成工业总产值 41.2 亿元,同比增长 12%,德海、德鸿、军翔等规上羊绒加工企业发展迅速,伊兴羊绒等企业建成投产,羊绒产业是园区稳增长的主导力量,占园区工业总产值的 83%;特色农副产品加工企业发展势头强劲,完成工业总产值近 4.0 亿元,是园区工业增长的又一生力军;精细化工类企业仅宁夏鲁人能源化工有限公司一家,全年完成工业总产值 2.1 亿元;装备制造类企业仅宁夏同心山泰钢结构有限公司一家,全年完成工业总产值 2.3 亿元。

盐池县 2020 年常住人口 15.92 万人,城镇人口 8.80 万人,乡村人口 7.12 万人,城镇化率 55.28%,与 2010 年人口相比,年均人口自然增长率 7.8‰。2020 年,盐池县实现地区生产总值 115.40 亿元,其中第一产业实现增加值 9.94 亿元,第二产业实现增加值 61.99 亿元(工业增加值 50.40 亿元),第三产业实现增加值 43.47 亿元。

灵武白土岗规模化养殖基地作为刘家沟水库新的受水区,是 2018 年灵武市投资建设,分东、西两个区块。工程主要解决东区白土岗乡小洪沟北侧、白芨滩自然保护区南侧的肉羊、奶山羊养殖基地和肉牛养殖基地,以及马石公路南侧、吴惠路东侧的生猪养殖基地用水。

受水区各用水户 2020 年总退水量 470.3 万 m^3,回用水量 90 万 m^3,现状再生水回用率 19%。主要原因为太阳山污水处理厂出水含盐量高无法回用,马家滩工矿企业因再生水水价偏高未按取水许可要求落实中水。

经从各县(区)统计局及工信局了解到,同心县工业园区、萌城工业园区及马家滩部分工矿企业均未计算其工业增加值,仅有太阳山开发区及盐池县核算了工业增加值,2020 年工业增加值 96.4 亿元,2020 年太阳山工业园区及盐池县工业用水量 905.5 万 m^3,则 2020 年万元工业增加值用水量 9.4 m^3,小于《水利部办公厅关于印发规划和建设项目节水评价技术要求的通知》(办节约〔2019〕206 号)西北地区先进值 16.4 m^3/万元,整体工业用水水平较高。

工程受水区 2020 年供水人口 18.33 万人,现状生活用水量 429.11 万 m^3,则人均生活用水定额 64 L/(人·d),根据《自治区人民政府办公厅关于印发宁夏回族自治区有关行业用水定额(修订)的通知》(宁政办规发〔2020〕20 号),三类地区城镇生活用水定额 100 L/(人·d),农村生活用水定额 60 L/(人·d),工程受水区现状生活用水水平基本符合自治区定额要求。

工程受水区现状绿化面积 9 235 亩(太阳山 7 300 亩,盐池 1 935 亩),2020 年绿化用水量 209.37 万 m^3(太阳山 119.37 万 m^3,盐池 90 万 m^3),则 2020 年实际绿化用水定额 0.34 m^3/(m^2·a),根据《自治区人民政府办公厅关于印发宁夏回族自治区有关行业用水定额(修订)的通知》,中部干旱带绿化用水定额 0.2 m^3/(m^2·a),现状绿化用水的定额偏高。

2.2.4　现状供水工程对象

项目受水区内无其他集中供水工程,现状统一由太阳山供水工程供水。根据宁夏太阳山水务有限责任公司近年来供水统计,太阳山供水工程现状供水范围包括灵武市、盐池县和太阳山开发区 3 个片区,共有主供水管线 4 条,按供水方向分为北线、东北线、东线和

南线供水管道,具体如下:

(1)灵武市片区:该片区有北线和东北线两条主管线,其中北线供水对象为白土岗养殖基地人畜生活及绿化用水;东北线供水对象为马家滩镇和矿区生活生产用水。

(2)盐池县片区:该片区为东线供水管道,供水对象为盐池县 3 镇 4 乡(不含高沙窝)人畜生活用水。

(3)太阳山开发区片区:该片区为南线供水管道,包括工业和生活供水 2 条主管线,供水对象为太阳山、同心和萌城工业园区生产生活、绿化用水,同时解决太阳山镇(含红寺堡 3 个村)人畜生活用水。

太阳山供水工程自盐环定五干渠桩号 8+550 处取水,自流至刘家沟调蓄水库,水库坝后布置刘家沟工业净水厂、盐池人饮水厂和加压泵站,通过管道输水至受水区。太阳山生活净水厂从工业供水主管道取水,经处理后为用水户供水。目前,刘家沟水库大坝、输水塔等建筑物运行表观状况良好,沉降、渗流等检测数据正常。

2.3　太阳山供水工程供水情况

2.3.1　工程供水现状

2.3.1.1　太阳山供水工程取水量

根据《宁夏水资源公报(2020 年)》,宁夏太阳山水务有限责任公司 2020 年取水量(五干渠)1 851 万 m^3,其中灵武市 280 万 m^3,太阳山开发区 1 000 万 m^3,盐池县 547 万 m^3,同心县 24 万 m^3。太阳山供水工程现状取水量统计见表 2.3-1。

表 2.3-1　太阳山供水工程现状取水量统计　　　　　　单位:万 m^3

县(市、区)	取水许可核定五干渠取水量	2020 年取水量	现状-核定
太阳山开发区	877.27	1 000	109.05
红寺堡区	13.68		
盐池县	817.98	547	−270.98
灵武市	361.45	280	−81.45
同心县	54.27	24	−30.27
合计	2 124.65	1 851	−273.65

根据《准予核发宁夏太阳山水务有限责任公司取水许可决定书》(宁水审发〔2021〕108 号),准予太阳山供水工程年取水许可总量 1 273.11 万 m^3(五干渠),2020 年实际取水量 1 851 万 m^3,超许可取水,主要原因是 1 273.11 万 m^3 许可水量中除包含生活和养殖业用水外,工业仅包含庆华(一期)用水,目前太阳山工业园区各企业正在进行水权交易

并办理取水许可,水资源论证均已通过水利厅审查。

2.3.1.2 太阳山供水工程现状供水情况

根据太阳山水务有限责任公司统计资料,太阳山供水工程 2016—2020 年实际供水量分别为 1 139.00 万 m³、1 340.87 万 m³、1 374.86 万 m³、1 509.61 万 m³、1 565.78 万 m³,近 5 年平均供水量为 1 386.02 万 m³。从近 5 年供水统计数据来看,太阳山供水工程现状供水量呈逐年增加的趋势。其中,现状 2020 年供水量最大为 1 565.78 万 m³(4.29 万 m³/d)。太阳山供水工程 2016—2020 年供水量统计见表 2.3-2。

表 2.3-2　太阳山供水工程 2016—2020 年供水量统计　　　　　　单位:万 m³

供水片区	管线	供水对象	供水性质	供水量					
				2016 年	2017 年	2018 年	2019 年	2020 年	平均
太阳山开发区片区	南线	太阳山工业园区	工业	420.29	484.62	554.93	609.58	595.5	532.98
		同心工业园区	工业	5.4	1.97	5.65	9.99	10.1	6.62
		萌城工业园区	工业	37.21	52.86	51.76	50.81	67.3	51.99
		太阳山镇	生活	16.51	69.6	52.99	46.02	20.59	41.14
		公共绿化		117.26	118.49	7.35	106.4	147.35	99.37
		小计		596.67	727.54	672.68	822.8	840.84	732.10
盐池县片区	东线	盐池县	生活	377.41	391.86	458.64	424.87	388.52	408.26
		小计		377.41	391.86	458.64	424.87	388.52	408.26
灵武市片区	东北线	马家滩矿区	工业	164.92	209.48	237.13	228.59	257.94	219.61
			生活	0	4.35	6.41	21.83	—	6.52
		小计		164.92	213.83	243.54	250.42	257.94	226.13
	北线	白土岗养殖基地	生活	0	0	0	11.52	78.48	18.00
		小计		0	0	0	11.52	78.48	18.00
其他					7.64				1.53
合计				1 139.00	1 340.87	1 374.86	1 509.61	1 565.78	1 386.02

2.3.2 太阳山供水工程范围内再生水回用情况

2.3.2.1 太阳山污水处理厂

根据《关于吴忠市太阳山开发区污水处理厂入河排污口设置的批复》(红水发〔2018〕

172 号)和《关于吴忠市太阳山开发区污水处理厂增加排量的批复》(红河长办发〔2018〕78 号),太阳山开发区污水处理厂始建于 2010 年,位于西环路与盐兴公路交叉口西南侧,设计处理规模 1.5 万 m^3/d,出水水质为《城镇污水处理厂污染物排放标准》(GB 18918—2002)一级 A 排放标准,服务对象为开发区工业废水兼顾部分居民区生活污水。配套的中水回收利用工程供水规模 1.062 万 m^3/d,其余部分排放至苦水河,年排放量控制 383.25 万 m^3。

太阳山污水处理厂现已建成中水回收利用工程,目的是解决洗煤园区及小泉煤矿等企业用水问题及东花园、西花园、太阳山转盘周边绿化用水问题,设计供水规模 1.062 万 m^3/d,现有管网暂未覆盖太阳山工业园区各企业。根据用水量统计,近 3 年平均用水量 635.12 万 m^3,污水厂近 3 年平均进水量 137.75 万 m^3,平均产污率 22%,污水厂近 3 年平均出水量 116.12 万 m^3,平均出水率 84%。太阳山污水处理厂 2019 年尚有少量再生水回用于洗煤厂,从 2020 年开始至今均无再生水回用。太阳山供水工程绿化用水量 97.34 万 m^3,全部配置中水,根据实地调查,园区绿化一直未使用中水,主要原因为污水厂出水水质不满足《城市污水再生利用　城市杂用水水质》(GB/T 18920—2020)中"绿化用水"水质要求,其中氯离子、硫酸盐、TDS 超标严重。

2.3.2.2　盐池县污水处理厂

盐池县建设有综合污水处理厂 1 座,服务范围为县城的生活污水及县城工业园区的工业废水,处理总规模 1.5 万 m^3/d,其中城市生活污水处理能力 1.2 万 m^3/d,工业园区污水处理能力 0.3 万 m^3/d。工业废水经自建的预处理设施处理后排入园区污水管网,并经园区提升泵站泵送至县城污水处理厂进行水解酸化,后与生活污水混合后进行同步处理,处理后达到《城镇污水处理厂污染物排放标准》(GB 18918—2002)中的一级 A 排放标准,再经县中水厂进行深度处理达到标准Ⅳ类水质,处理后的中水部分用于城区绿化及道路清洗,其余部分排向长城关饮马湖,流经泄洪渠进入德胜墩水库,用于城北防护林的绿化。太阳山供水工程水资源论证报告核定盐池县再生水回用量 141.21 万 m^3,其中绿化 65.42 万 m^3,盐池县工业园区 75.79 万 m^3。2020 年盐池县再生水回用量 90 万 m^3,全部为绿化用水,工业用水暂无再生水回用。

受水区各用水户 2020 年总退水量 470.3 万 m^3,回用水量 90 万 m^3,现状再生水回用率 19%。主要原因为太阳山污水处理厂出水含盐量高无法回用,马家滩工矿企业因再生水水价偏高未按取水许可要求落实。

2.3.3　水功能区水质及变化情况

太阳山供水工程涉及盐环定饮用、农业用水区,是二级重要水功能区,起始断面为灵武白土岗乡,终止断面为甘肃环县,水质考核断面为青铜峡水文站,代表断面水质目标为Ⅲ类,现状为Ⅱ类,年度达标率为 100%,水质达标。

第3章 多维度效益评价指标体系与方法

3.1 太阳山供水工程多维度效益内涵

3.1.1 水资源供给价值内涵

供水效益是水资源价值管理的核心,是水资源走向市场化的纽带,是水资源核算及其纳入国民经济核算体系的关键,是实现水资源可持续发展的重要依据。

20世纪70年代,国外理论界将水资源供给价值定义为人们在特定时间地点购买单位体积水的社会意愿和愿意支付的最大值。1996年,姜文来定义了水资源价值内涵:水资源使用者通过支付给水资源供给者(国家或集体)一定的货币额从而获得水资源使用权,内涵的实质是水资源地租的资本化。1998年,沈大军等人指出水资源价值的内涵主要体现在3个方面:稀缺性、劳动价值和资源产权。2002年,林玉芬提出水资源供给价值是水资源使用者为了获得水资源使用权需要支付给水资源所有者(包括国家或集体)的货币额,体现了对水资源所有者因水资源资产付出的一种补偿,是所有权在经济上得以体现的具体结果。2004年,严河指出水资源供给价值应当是质与量的统一、自然属性和经济社会属性的统一、自然资源价值与环境资源价值的统一。2008年,周丹平认为稀缺性是水资源供给研究的重点,水资源价值存在的首要条件就是稀缺性;水资源是一种资产,应当确定其资产地位,完善水资源产权制度;水资源具有劳动价值,人类参与开发、利用和保护都凝结了人类劳动。2009年,吕翠美认为水资源支持和维护了生态经济复合系统的存在和运行,具有支持环境生境、提供产品劳务、改善生态平衡、净化污水废物和维护社会福利等功能,包含了经济价值、社会价值和生态价值3个方面。2013年,李德玉将水资源供给价值认为是由经济价值、社会价值和生态价值三者构成,并指出水资源供给价值是节约劳动的价值和再生产水资源的劳动价值的统一。

上述可以看出,水资源供给价值具有多重属性,同时拥有自然属性和社会经济属性,因此它的价值包括生态价值、环境价值、经济价值和社会价值。生态价值包括水资源调蓄、生物多样性、水土保持等;环境价值包括固碳释氧、调节气候、休闲娱乐等;经济价值包括产业结构、国民经济生产总值等;社会价值包括物价指数、就业率、人均可支配收入等。只有将水资源价值的多维性充分考虑,才能科学全面地获得水资源供给价值。

3.1.2 供水工程效益内涵

供水工程效益与水资源或矿产资源等自然资源相比,其效益价值内涵有其自身的特殊性,这些特点表现为组成的多元性、内容的特殊性、时空的差异性、方法的综合性等方面。

3.1.2.1　组成的多元性

供水工程效益不仅包括水资源本身的价值,即经济效益、社会效益和生态环境效益,此外,还具有其特有的价值,如缓解受水区的地面沉降、改善水质、提高受水区人均水资源量、航运发电、促进工农业生产及旅游业等。这些效益价值都是由于供水工程带来的水资源供给价值,也是与以往水资源供给价值研究的不同之处。

3.1.2.2　内容的特殊性

为了评价供水工程效益,需要对供水工程供给的水资源进入整个生态环境系统中发挥的作用进行详细全面的了解,对供水工程水资源的水源供给、空气净化、改善水质、缓解地面沉降等都需要进行深入的考察。同样评价供水工程水资源的社会经济价值时,就必须了解供水工程与研究区域社会经济的相互关系,对产业结构、就业率、社会治安、人口健康水平、国民经济总值等都要进行细致的了解,尽可能地量化其价值。

3.1.2.3　时空的差异性

供水工程将水资源从相对丰富地区输送到水资源相对缺乏的地区,这使得供水工程水资源的价值就具有时空差异性,地区经济发展的差异,使得水资源在不同地方的价值不同,这就造成了对供水工程水资源价值评估时必须要以地域特点为基础,充分考虑区域社会经济发展、生态环境维持、政治文化推动对水资源需求的迫切性,供水工程水资源会被赋予特殊的价值,如宗教、政治等。

3.1.2.4　方法的综合性

供水工程效益的多维组成及其复杂多样的评估内容都决定了其评估方法需要采用多种方法组合的方式来综合实现,由于每种指标的评估方法都有其自身的适用性,只有根据评价指标将这些评估方法综合起来,才能正确地反映供水工程水资源供给发挥的多维度效益。

3.1.3　供水工程多维度效益的构成

目前,学术界对供水工程水资源供给效益的理论没有统一的定义,国内外的供水工程按照目标和用途可分为灌溉工程、发电工程、航运工程、生态和环境工程、综合目标工程。供水工程多维度效益不仅包括资源型水资源的价值量,也包括供水工程水资源特有的价值体现。

每个供水工程均有其自身的特点。例如,印度和巴基斯坦是农业国,其供水工程主要是农业灌溉,可以使粮食产量大幅增加,但是农产品价格低廉,用水量大加上输水消耗大等特点,使得供水灌溉的经济效益较低。而美国的供水工程大多是以城市和工业用水为主,兼顾发电、灌溉,不仅可以提供良好的经济效益,而且对受水区的社会经济全面发展也有强大的促进作用。因此,每个供水工程根据其用途具有不同的水资源价值,即每个供水工程的价值组成都不同,应当将研究区域特性和供水工程用途相结合。总体而言,可从经济效益、社会效益、生态效益等层面进行深入分析。

3.1.3.1　经济效益

供水工程的经济效益是随着人类文明的进步而产生的,是供水工程多维度效益的主要表现形式之一。供水工程的经济效益为取之于天然存在于自然空间的每单位水量(未经过特定商品加工生产过程的自然形成的原水)给经济社会使用者带来的以现行货币衡量的利益增值。人类从水资源中获取必需的生活资料,同时生产和消费等经济活动也离不开水资源的参与,水资源为社会经济发展提供重要保障。供水工程的经济效益决定于水资源的有用性和稀缺性,以及开发使用所花费的劳动量。供水工程的经济效益主要体现在国内生产总值、经济结构等方面。受水区供水条件得到改善,不仅可以改善居民生活,促进工农业生产和经济稳定的发展,而且可以改善受水区的投资环境。

3.1.3.2　社会效益

供水工程的社会效益是能满足人类道德需求和精神文化的资源价值,体现了水资源供给的科学文化价值。随着人类文明的进步,人们的精神需求也不断提高,游历山水、欣赏自然已经成为人们生活不可缺少的部分。水资源可持续发展的提出要求不仅要保障同代人水资源使用的权利,也要保障代际持续利用、上下游持续利用和城乡持续利用,从而满足当代社会和后代的公平用水权。供水工程可以提高受水区的人均水资源量,满足人民生活所必需的饮用水,保障工业和农业用水,缓解工农业争水、城乡争水、地区争水的矛盾,为社会团结安定创造良好的条件。同时,饮用水质量的改善可以提高人民的健康水平,影响深远。

3.1.3.3　生态效益

供水工程对受水区生态系统具有演化和调节功能,划分干旱和湿润系统的基本因素是水分的多少。水资源不仅对生态维系和调节有着重要的作用,也是物种分布的决定性因素。水生态系统的退化,会导致水生态服务功能的衰退。供水工程的生态效益体现在水源供给、防止地面沉降、生物多样性保护等。受水区通过调水可以缓解地区性生态危机,如俄罗斯的北水南调工程缓解了里海水位不断下降的恶性趋势。通过调入水补充水源,可以缓解地下水水位下降造成的城市地面下沉,还可以回灌补充地下水,改善水文地质条件,控制地面沉降对建筑物带来的危害,防止海水入侵和生态恶化等问题,并且对于维持生物量和生物多样性有重要意义,同时具有净化环境的功能,能够改善水质、净化空气、固碳释氧、美化环境。

3.2　多维度效益评价理论框架体系

太阳山供水工程多维度效益评估的理论框架主要包括两大部分:一是供水工程对区域经济、社会以及生态环境系统演变的影响机制;二是基于生态系统服务价值理论的供水工程多维度效益评价。

3.2.1　供水工程对区域经济、社会以及生态环境系统演变的影响机制

基于太阳山供水工程供水与受水区生态系统响应两个方面,综合水资源价值论、生态价值论、环境价值论等学科理论方法,科学分析太阳山供水工程所供给水资源的经济属性、社会属性以及生态环境属性,分析供水的经济效益、社会效益、生态效益;从受水区水

库、湖泊、湿地、城市、村镇以及社会等系统出发,分析各系统受供水、补水等影响与驱动,经济、社会以及生态环境系统效益与演变规律。

3.2.2　基于生态系统服务价值理论的供水工程多维度效益评价

为全面评价太阳山供水工程的多维度效益,科学描述供水工程运行产生的经济效益、社会效益以及生态效益,本书基于生态环境效益评估的理论[千年生态系统评估(Millennium Ecosystem Assessment,MA)],定量化描述、定性分析工程运营以来产生的经济价值、供水保障价值以及生态服务价值,综合评价太阳山供水工程运行以来产生的经济效益、社会效益以及生态效益。

3.2.2.1　MA 概念框架

MA 对"生态系统服务功能"的定义是,"生态系统服务功能是指人类从工程系统中获得的总效益",工程系统给人类提供各种效益,包括经济效益、社会效益和生态效益。经济效益主要包括工程带来的供给效益,具体包括工程为区域经济发展提供各种产品(如食物、燃料、纤维、洁净水,以及生物遗传资源等)的效益;社会效益主要是指通过丰富精神生活、发展认知、休闲娱乐,以及美学欣赏等方式而使人类从工程系统所获得的非物质效益;生态效益包括工程运行带来的生态环境调节和支持效益,主要包括工程为区域提供诸如维持空气质量、调节气候、控制侵蚀、控制人类疾病和净化水源等调节性效益,以及工程系统生产和支撑其他服务功能的基础功能,如初级生产、制造氧气和形成土壤等。

MA 理论认为人类在进行工程建设的有关决策时,既要考虑人类福祉,同时也要考虑区域经济、社会以及生态系统的内在价值。MA 理论认为,在工程运行与经济、社会以及生态环境系统之间存在一种动态的相互作用。一方面,工程运行直接或间接影响着经济、社会以及生态环境系统的变化;另一方面,经济、社会以及生态环境系统的变化又对工程的运行产生影响。MA 特别关注于多维度系统服务功能与经济、社会以及生态环境之间的联系。在 MA 的概念框架中,经济、社会以及生态环境功能是评估的核心内容。MA 对经济、社会以及生态效益的多维度评估,既涉及时间尺度,也涉及空间尺度。

3.2.2.2　多维度效益的驱动力

MA 把引起经济、社会以及生态效益发生变化的因素称作"驱动力",并将这些因素分为直接驱动力和间接驱动力两大类。直接驱动力直接影响经济、社会以及生态效益的发挥过程,可以通过不同的精度对其进行识别和度量;间接驱动力常常通过改变一个或多个直接驱动力作用的效果而产生比较广泛的影响,其影响大小是根据它对直接驱动力的作用效果来确定的。直接驱动力和间接驱动力往往相互作用。

MA 还把被决策者影响的驱动力称为内部驱动力,而把那些决策者无法控制的驱动力称为外部驱动力。决策的一个重要特点是它总会对决策框架之外的事物产生一定的影响。由于这类影响不是决策过程的一部分,因此称其为决策的外部效应。决策外部效应既有积极的,也有消极的。

太阳山供水工程多维度效益的发挥受多种驱动力的影响,并且驱动力之间存在着复杂的相互作用。驱动力之间的协同结合普遍存在,而且伴随着多种过程的发展,驱动力之间新的相互作用也将不断出现。

3.2.2.3 太阳山供水工程多维度效益的评价流程

太阳山供水工程多维度效益评价的基本流程:分析受水区经济、社会以及生态环境系统类型及功能特征→辨识并划分经济、社会以及生态环境系统服务类型→明确评估内容及指标→确定评估方法与参数→评估受水区经济、社会以及生态系统服务实物量与货币价值→汇总分析。

3.3 评估指标体系

构建合理的指标体系是准确评估太阳山供水工程多维度效益的基础,太阳山供水工程涉及太阳山开发区、盐池县、同心县、红寺堡区和灵武市5个行政区域,供水对象包括:①太阳山开发区工业、生活和绿化用水(含太阳山镇);②盐池县城(花马池镇)等7个乡镇人畜饮水和萌城工业园区的工业、生活用水;③同心县工业园区的生产生活用水;④红寺堡区糖坊梁、小泉、巴庄等村镇的人畜生活用水;⑤灵武市马家滩矿区及白土岗养殖基地用水。受水区包含水库、湖泊、河流、湿地、绿地、城市、乡镇、社会功能等多个系统,根据不同地域和受水系统的特点,构建太阳山供水工程多维度效益评价指标体系应遵循以下原则。

(1)科学性原则。在指标体系构建时,力求准确、科学地反映太阳山供水工程的实际情况,各个指标之间尽量不存在重复、隶属和涵盖关系,能够从不同角度全面地体现问题,形成一个较为完整的指标体系。

(2)代表性原则。太阳山供水工程多维度效益的价值评估涉及面较广,表现形式多样,指标选择上力求具有代表性,避免指标体系的庞杂与烦琐。

(3)可操作性原则。太阳山供水工程多维度效益评价的部分指标可量化,部分指标是不可量化的,只能定性描述。指标选择时充分考虑数据的可获取性、可量化性和可操作性,尽量选择可量化指标。对太阳山供水工程进行多维度效益评估时,需要根据受水区的实际特点构建指标体系并分别建立评价方法。

(4)层次性原则。太阳山供水工程多维度效益评价涉及经济效益、社会效益及生态效益等多个方面,每个方面又涉及多个因素,不同指标之间可能存在隶属和包含关系。因此,通过构建结构明晰、层次感强的指标体系,系统、完整地表征太阳山供水工程的多维度效益价值。

太阳山供水工程多维度效益评价指标体系如图3.3-1所示。

按照工程的生态系统服务价值的内涵,太阳山供水工程的多维度效益共分为经济效益(水资源产品供给价值)、社会效益(公共需求和社会服务价值)、生态效益(生态系统支持和环境调节价值)3个方面的效益。

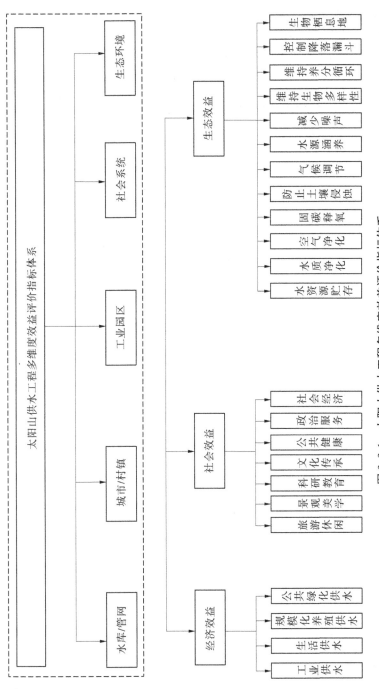

图 3.3-1　太阳山供水工程多维度效益评价指标体系

3.3.1　经济效益指标体系

太阳山供水工程的经济效益是指供水系统直接向受水区提供的各种产品和服务的价值总和,这些产品和服务的短缺会对受水区的工业生产、生活饮用、规模化养殖产业等用水部门产生直接或间接的不利影响。根据太阳山供水工程特点,经济效益的指标包括工业供水、生活供水、规模化养殖供水以及公共绿化供水,经济效益指标及其含义见表3.3-1。

表 3.3-1　经济效益指标及其含义

功能类别	符号	指标	符号	含义	备注
经济效益	A	工业供水	A1	可以直接使用供给工业用水部门的水资源,包括太阳山工业园区(A1-1)、盐池工业园区(A1-2)、同心工业园区(A1-3)、萌城工业园区(A1-4)、马家滩矿区(A1-5)	
		生活供水	A2	可以直接使用供给生活用水部门的水资源,包括太阳山镇(A2-1)、盐池县(A2-2)、同心工业园区(A2-3)、萌城工业园区(A2-4)、马家滩矿区(A2-5)、白土岗养殖基地(A2-6)、红寺堡区(A2-7)	
		规模化养殖供水	A3	可以直接使用供给规模化养殖产业用水部门的水资源,主要为白土岗畜牧养殖基地(A3-1)	
		公共绿化供水	A4	太阳山开发区公共绿化用水(A4-1)、白土岗养殖基地绿化用水(A4-2)	

3.3.2　社会效益指标体系

社会效益是指太阳山供水工程满足区域社会发展需求、提升区域社会公众认知、保证公共安全、传承社会文化等过程中所产生的价值,即对社会服务的效益实现价值化的过程。针对太阳山供水工程,满足社会需求具体体现在旅游休闲方面,提升公众认知具体体现在教育科研方面,保证公众安全体现在公共健康保障方面,传承社会文化体现在文化传承方面,具体指标包括旅游休闲、科研教育、公共健康、文化传承等指标来综合反映太阳山供水工程带来的社会功能服务价值,社会效益指标及其含义见表 3.3-2。

表 3.3-2　社会效益指标及其含义

功能类别	符号	指标	符号	含义	备注
社会效益	B	旅游休闲	B1	为人类提供观赏、娱乐、旅游场所的功能价值	
		景观美学	B2	应用自然材料,通过艺术加工所造成的各种景色	
		科研教育	B3	为人类提供科研平台、教育基地的功能价值	
		文化传承	B4	将太阳山供水工程及其周边地区的文化传递和承接下去	
		公共健康	B5	通过太阳山供水工程改善水质,提升周边地区居民的健康水平	
		政治服务	B6	水资源战略储备、供水保证率的提高、经济发展的辐射带动作用等产生的政治效益	
		社会经济	B7	社会、经济、教育、科学技术及生态环境等领域,涉及人类活动的各个方面和生存环境的诸多复杂因素的系统	

3.3.3　生态效益指标体系

　　生态效益主要是指太阳山供水工程在对区域生态环境系统产生的调节功能和支持功能中所获取的各种收益,根据太阳山供水工程特点,生态效益指标包括水资源贮存、水质净化、空气净化、固碳释氧、防止土壤侵蚀、气候调节、水源涵养、减少噪声维持生物多样性、维持养分循环、控制降落漏斗、生物栖息地等功能。支持效益体现在维持养分循环、维持生物多样性以及生物栖息地等功能。生态效益指标及其含义见表 3.3-3。

表 3.3-3　生态效益指标及其含义

功能类别	符号	指标	符号	含义	备注
生态效益	C	水资源贮存	C1	水库、湖面贮存水源并调节和补充周围湿地径流及地下水	
		水质净化	C2	水环境通过一系列物理和生化过程对进入其中的污染物进行吸附、转化以及生物降解等使水体得到净化的生态效应	
		空气净化	C3	生态系统吸收、阻滤和分解大气中的污染物,如 SO_2、NO_x、粉尘等,有效净化空气,改善大气环境	
		固碳释氧	C4	植物通过光合作用将 CO_2 转化为碳水化合物,并以有机碳的形式固定在植物体内或土壤中,同时产生 O_2 的功能,包括固碳(C4-1)、释氧(C4-2)	
		防止土壤侵蚀	C5	生态系统通过其结构与过程减少水流的侵蚀能量,减少土壤流失	
		气候调节	C6	生态系统通过植被蒸腾作用和水面蒸发过程使大气温度降低、湿度增加的生态效应	
		水源涵养	C7	生态系统通过其结构和过程拦截滞蓄降水,增强土壤下渗,有效涵养土壤水分和补充地下水,调节河川流量	
		减少噪声	C8	林地、花坛绿篱、灌木草坪等对噪声的消减作用	
		维持生物多样性	C9	包括物种多样性、遗传多样性和生态系统多样性,它维持了自然界的平衡,给人类的生存创造了良好的条件	
		维持养分循环	C10	指养分元素在植物、动物、环境之间往复的过程	
		控制降落漏斗	C11	主要通过避免产生大规模的地下水降落漏斗,从而避免一系列的地质灾害	
		生物栖息地	C12	构成适宜于动物居住的某一特殊场所。它能够提供食物和防御捕食者等条件	

3.4　评估方法体系

国内外相关研究对工程系统服务价值定量评价主要采用物质量评估法、价值量评估法和能值评估法等。结合太阳山供水工程和受水区域具体特性,本书拟采用价值量评估方法,对太阳山供水工程及受水区域内各系统产生的服务价值进行核算。价值量评估方法的主要优势表现在:首先,评估结果都是货币值,既能进行不同系统同一项服务的比较,也能将某一系统的各项服务综合起来分析;其次,评估结果能够引起对太阳山供水工程系统服务价值的足够重视,促进对系统的保护及其服务的持续利用;最后,价值量评估研究能促进资源价值核算,将其纳入国民经济核算体系,最终实现绿色 GDP 核算。

在具体拟采用的计算模型与方法上,主要有市场价值法、等效替代法、替代工程法、影子价格法、替代成本法、费用分析法、开采损失法、能值转化法、旅行费用法、条件价值法。

1. 市场价值法

市场价值法是对有市场价格的供水系统产品和功能进行估算的方法,其建立的依据是供水系统质量不同所提供产品和服务质量与数量是不同的,基本原理是将供水系统作为生产中的一个要素,受水区系统的变化将导致生产率和生产成本的变化,进而影响价格和产出水平的变化,或将导致产量和预期收益的增加或损失。所以,针对产品或服务的产出水平,可以计算出该产品或服务所依存的供水系统的价值量。其优点是比较可靠,争议少;其缺点是评价对象与可市场化商品的联系认识不足,数据需要足够全面。

2. 等效替代法

等效替代法是指如没有该项供水服务,采用替代服务达到同等效果所需的额外花费,对于太阳山供水工程通水后带来的服务价值的计算,考虑采用等效替代法计算产生的额外花费。

3. 替代工程法

替代工程法是恢复费用法的一种特殊形式。当供水系统的某种服务价值难以直接进行估算时,可借助于能够提供类似功能的替代工程的价值来替代该供水系统服务功能的价值。

4. 影子价格法

市场价格是商品经济价值的一种表达方式,但由于太阳山供水工程供水系统所提供的产品或服务属于“公共商品”,利用替代市场技术寻找太阳山供水工程“公共商品”的替代市场,用在市场上与其相同的产品价格来估算太阳山供水工程供水“公共商品”的价值,这种相同产品的价格被称为“公共商品”的“影子价格”。

5. 替代成本法

替代成本法的基本假设是替代被破坏的生产性资产所指出的费用,是可以计量的,这些费用可被解释为防止损坏发生的预期收益的价值,类似于预防性开支,是以提供替代服务的成本作为太阳山供水工程的供水服务价值,即人工建造一个系统,来取代原来的供水系统,可以实现并完全替代原来的全部供水服务功能,用新建这样一个系统所需要花费的成本作为原来供水系统服务功能的价值。

6. 费用分析法

费用分析法分为防护费用法和恢复费用法两类。防护费用法,是指人们为了消除或减少供水系统退化的影响而愿意承担的费用。由于增加了这些措施的费用,就可以减少甚至杜绝受水区各系统退化带来的消极影响,产生相应的供水效益;避免的损失,就相当于获得的效益。供水系统受到破坏后,会给人们的生产、生活和健康造成损害。恢复费用法,是指为了消除这种损害,其最直接的办法就是采取措施将破坏了的供水系统恢复到原来的状况,恢复措施所需要的费用作为受水区环境资源和供水系统破坏带来的最低经济损失,即该供水系统的价值。

7. 开采损失法

如果现有储量的地下水被开采后,因地面沉降和地下水水位下降会造成多方面的经济损失,这些损失之和即可视为地下水预防地面沉降的间接经济价值。开采损失法,是通过计算地下水储变量,然后再计算地下水亏损造成的直接经济损失和间接经济损失的总和,由此换算出单位体积地下水亏损所造成的经济损失。

8. 能值转化法

能值转化法是一种以能值为测度单位的环境-经济系统综合核算方法,这种定量研究已经广泛应用于区域可持续发展的战略性研究中。它着重于系统整体特性(自然属性和经济特征)的分析,不仅克服了分析方法(以物质流或货币流为测算单位)中不同类别能量难以比较的问题,而且从一个新的角度来看待环境资源在生态系统中的作用。能值转化法是对各类经济系统的结构功能及运行状况进行定量分析和评估的一种理论和方法。其中,任何流动的或储存状态的能量所包含的太阳能的量,即为该能量的太阳能。在计算太阳山供水工程的多维度效益时,主要通过计算由工程所带来的系统能值,将其与整个区域的能值进行相比,并乘以当地的国民经济总值,从而得出太阳山供水工程的多维度效益。

9. 旅行费用法

旅行费用法是利用游憩的费用(常以交通费和门票费作为旅游费用)资料求出"游憩商品"的消费者剩余,并以其作为生态游憩的价值。旅行费用法不仅首次提出了"游憩商品"可以用消费者剩余作为价值的评价指标,而且首次计算出"游憩商品"的消费者剩余。

10. 条件价值法

条件价值法也叫问卷调查法、意愿调查评估法、投标博弈法等,属于模拟市场技术评估方法,它以支付意愿(WTP)和净支付意愿(NWTP)表达环境商品的经济价值。条件价值法是从消费者的角度出发,假设某种"公共商品"存在并有市场交换,通过调查、询问、问卷、投标等方式来获得消费者对该"公共商品"的 WTP 或 NWTP,综合所有消费者的WTP 和 NWTP,即可得到环境商品的经济价值。适用于那些没有实际市场和替代市场交易与市场价格的工程系统服务的价值评估,是公共服务价值评估的重要方法。

3.5　计算模型

3.5.1　经济效益计算方法

太阳山供水工程的经济效益主要包括工业供水、城乡生活供水、规模化养殖供水以及公共绿化供水等 4 个方面效益,均采用市场价值法进行计算。

3.5.1.1　工业供水效益

根据市场价值法评估工业供水功能的经济价值,计算公式为

$$A_1 = \sum_{i=1}^{n} \mathrm{QW}_i P_i \tag{3-1}$$

式中:A_1 为工业供水功能价值,亿元;P_i 为第 i 类工业类社会经济的水价,元/m³;QW_i 为第 i 个部门供水水量,亿 m³;n 为工业供水的类别部门数。(工业用水单价来源于统计年鉴等;工业用水量来源于供水运行统计数据、水资源公报等)

3.5.1.2　城乡生活供水效益

根据市场价值法评估城乡生活供水功能的经济价值,计算公式为

$$A_2 = \sum_{i=1}^{n} \mathrm{EW}_i P_i \tag{3-2}$$

式中:A_2 为城乡生活供水功能价值,亿元;P_i 为第 i 类城乡生活类社会经济的水价,元/m³;EW_i 为第 i 个部门供水水量,亿 m³;n 为城乡生活供水的类别部门数。(城乡生活用水单价来源于统计年鉴;城乡生活用水量来源于供水运行统计数据、水资源公报等)

3.5.1.3　规模化养殖供水效益

规模化养殖的供水产品以奶牛、肉羊、肉牛、生猪、湖羊等为主。根据市场价值法评估规模化养殖产品功能的经济价值,计算公式为

$$A_3 = \sum_{i=1}^{n} \mathrm{YW}_i P_i \tag{3-3}$$

式中:A_3 为规模化养殖的供水产品服务价值,亿元;P_i 为第 i 种规模化养殖产品的市场价格,元/kg;YW_i 为第 i 种规模化养殖产品的年产量,亿 kg;n 为规模化养殖产品的种类数量。

3.5.1.4　公共绿化供水效益

根据市场价值法评估公共绿化供水效益的经济价值,计算公式为

$$A_4 = \sum_{i=1}^{n} \mathrm{GW}_i P_i \tag{3-4}$$

式中:A_4 为供水功能价值,亿元;P_i 为第 i 类绿地系统社会经济的水价,元/m³;GW_i 为第 i 类绿地系统的供水水量,亿 m³;n 为绿地系统供水的类别数。(公共绿地环境用水征收单价来源于统计年鉴;公共绿地环境用水量来源于供水运行统计数据、水资源公报等)

3.5.2　社会效益计算方法

根据太阳山供水工程的特点,经过比较优选之后,社会效益的分项指标分别采用旅行

费用法、水景观价值法、费用分析法、条件价值法、影子价格法以及生态价值法等进行计算。各指标计算方法如下:

3.5.2.1　旅游休闲

1.旅游娱乐

根据各(区)县旅游部门统计的数据,利用市场价值法计算旅游总价值,计算公式为

$$B_{1-1} = \sum_{i=1}^{n} I_i \tag{3-5}$$

式中:B_{1-1} 为旅游娱乐服务价值,亿元;I_i 为游客在各旅游风景区的消费总数,亿元;n 为旅游风景区的个数,个。

2.休闲功能

利用旅行费用法、采用调查问卷的方式获取游客的支付意愿来估算供水系统的休闲功能价值,计算公式为

$$B_{1-2} = IN \tag{3-6}$$

式中:B_{1-2} 为供水系统休闲服务价值,亿元;I 为调查对象每次去各受水区周边的开销,元;N 为每年去受水区周边游玩的人次,次。(调查对象每次去受水区花费及游玩人次来源于相关文献和调查问卷等)

3.5.2.2　景观美学

采用支付意愿法计算受水区的景观价值,计算方法为

$$B_2 = SP \tag{3-7}$$

式中:B_2 为景观美学价值,亿元;S 为景观带总面积,万 m^2;P 为每平方景观带增值数额,元$/m^2$。

3.5.2.3　科研教育

供水工程的科研教育服务价值的计算采用影子价格法,计算公式为

$$B_3 = \sum_{i=1}^{n} N_i P_i \tag{3-8}$$

式中:B_3 为科研教育价值,万元;N_i 为太阳山供水系统中水库、湖泊、湿地、管网、工业园区和其他受水区城乡等系统相关论文文献,篇;P_i 为相关类型科研文献价值,万元/篇。

3.5.2.4　文化传承

文化传承价值的计算采用影子价格法,计算公式为

$$B_4 = NP \tag{3-9}$$

式中:B_4 为文化传承价值,亿元;N 为总人口数,亿人;P 为每人平均支付意愿金额,元/人。(个人平均文化传承来源于相关文献和问卷调查;人口总量来源于当地统计年鉴)

3.5.3　生态效益计算方法

太阳山供水工程的生态效益指标内容具体包括水资源贮存、水质净化、空气净化、固碳释氧、防止土壤侵蚀、气候调节、水源涵养、减少噪声、维持生物多样性、维持养分循环、控制降落漏斗以及生物栖息地等功能。各指标计算方法如下:

3.5.3.1 水资源贮存

太阳山供水工程除为区域提供生产生活用水外,还可贮存水源并起到调节和补充周围湿地径流及地下水水量的作用。水资源贮存功能价值的计算采用替代工程法,计算公式为

$$C_1 = Q_S P \tag{3-10}$$

式中:C_1 为水资源贮存价值,亿元;Q_S 为潜在的贮水量,亿 m^3;P 为这种潜在水量的获得成本(单位蓄水量的库容成本),元/m^3。

3.5.3.2 水质净化

太阳山供水工程形成的库区、湿地以及湖泊水域具有一定的自净能力,它可以通过稀释、吸附、过滤、扩散和氧化还原等一系列反应来净化其中的污染物,减缓污染物的危害,使得水体的纳污负荷减弱,从而达到水质净化的作用。水质净化采用替代成本法计算,计算公式为

$$C_2 = \sum_{i=1}^{n} P_i M_i \tag{3-11}$$

式中:C_2 为水质净化功能价值,亿元;P_i 为第 i 类水体废物处理的价格,元/kg;M_i 为第 i 类污染物的质量,亿 kg。

3.5.3.3 空气净化

1. 负离子

净化空气,增加负离子的功能,使用替代工程法进行计算,计算公式为

$$C_{3-1} = N P_1 \tag{3-12}$$

式中:C_{3-1} 为增加空气负离子的价值,万元;N 为单位增加负离子的个数,10^{10} 个;P_1 为市场负离子单价,元/10^{10} 个。

2. 吸收粉尘

吸收降尘的功能价值使用替代工程法进行计算,计算公式为

$$C_{3-2} = M P_2 \tag{3-13}$$

式中:C_{3-2} 为吸收粉尘的价值,万元;M 为吸收粉尘量,万 kg;P_2 为粉尘处理成本,元/kg。(粉尘量、负离子增加量来源于相关文献和统计调查资料)

根据粉尘处理成本,降低粉尘的单位价格为 0.15 元/kg,而市场处理负离子的单价为 2.08 元/10^{10} 个。

3.5.3.4 固碳释氧

太阳山供水工程供给的水资源支撑区域生态系统将碳储存于木材、其他生物和土壤中,以控制大气中的 CO_2 排放量,与大气相比,林地、草地等陆地生态系统具有较强的固碳能力,陆地生态系统可以通过不断积累将多余的碳封存在植物和土壤中。火灾、疾病和植被破坏会释放大量的 CO_2。此外,受水区的植被进行光合作用,吸收 CO_2、释放 O_2 也可对空气进行调节。具体计算公式为

$$C_4 = P_1 M + \alpha P_2 D S \tag{3-14}$$

式中:C_4 为固碳释氧功能价值,亿元;P_1 为 CO_2 碳税价格,元/t;M 为植被吸收二氧化碳量,亿 t;P_2 为制氧价格,元/g;α 为单位植被释氧量,g/($a \cdot m^2$);D 为无霜期,a;S 为受水

区绿地面积,亿 m^2。

水域面积来源于遥感影像获取。经调查研究,制氧价格为 $4×10^{-4}$ 元/g,单位植被释氧量为 $2\ g/(a \cdot m^2)$,查阅研究区气候条件,无霜期平均为 174 d。

3.5.3.5　防止土壤侵蚀

防止土壤侵蚀,保护和合理利用水土资源是改善太阳山供水工程受水区面貌,治理区域水、旱、风沙灾害,建立良好生态环境,走生产可持续发展的一项根本措施。太阳山供水工程受水区防止土壤侵蚀功能的价值计算可采用影子价格法:

$$C_5 = \frac{SC}{\rho h} I \tag{3-15}$$

式中:C_5 为防止土壤侵蚀价值,亿元;ρ 为土壤密度,取 1.53 t/m^3;S 为水土保持林草面积,hm^2;C 为单位面积林草地防止土壤侵蚀的能力,取值为 11.11 t/hm^2;h 为土壤层厚度,取平均为 0.5 m 作为水土保持林草的厚度,I 为林草地的平均收益,取 $I = 0.13$ 万元/hm^2。

水土保持林草面积来源于遥感影像获取,土壤密度、单位面积林草地每年防止土壤侵蚀的能力、土壤层厚度、林草地的平均收益来源于相关资料与文献。

3.5.3.6　气候调节

气候调节是指通过水分蒸发作用对大气温度和湿度的调节效应。采用替代成本法估算太阳山供水工程为受水区带来的气候调节价值,具体计算公式如下:

$$C_6 = EP(\delta \times \frac{0.2778}{\varepsilon} + \frac{1\ 000}{\varphi}) \tag{3-16}$$

式中:C_6 为气候调节服务价值,亿元;E 为蒸发量,$10^8 m^3/a$;P 为所在区域的平均电价;δ 为水的汽化热,取 1 个标准大气压下水的汽化热,即 2 453.46 kJ/kg;ε 为空调的制冷能效比,参考《房间空气调节器能效限定值及能效等级》(GB 12021.3—2010),取不同类型空调器的平均能效限定值,即 3.075;φ 为加湿效率,$mL/(W \cdot h)$,根据《加湿器》(GB/T 23332—2018),取不同加湿器加湿效率限制的平均值,即 8 $mL/(W \cdot h)$。

3.5.3.7　水源涵养

1. 植被

利用太阳山供水工程建设带来的受水区新增林地面积、新增绿化面积、单位水源涵养能力和替代工程成本乘积得出。植被水源涵养效益计算公式为

$$C_{7-1} = SNP \tag{3-17}$$

式中:S 为新增林地和新增绿地面积,hm^2;N 为单位面积水源涵养能力,取 1 105 m^3/hm^2;P 为替代工程成本,参考单位库容造价,取 6.11 元/m^3。

2. 地下水

地下含水层储存的丰富水资源可用来补充和调节河川径流、湖泊、湿地水量。太阳山供水工程涵养水源的经济价值可采用替代工程法模拟区域内工程蓄水成本进行评估得到,计算公式为

$$C_{7-2} = Q_S P \tag{3-18}$$

式中:Q_S 为区域因太阳山供水工程新增的地下水储量;P 为工程蓄水成本,参考单位库容

造价 6.11 元/m³。

3.5.3.8　减少噪声

减少噪声是指太阳山供水工程受水区生态系统中的林地、花坛绿篱、灌木草坪等对噪声的消减作用。减少噪声采用替代工程法进行计算，具体计算公式为

$$C_8 = 15\%PN(S_1 + S_2) \tag{3-19}$$

式中：P 为平均造林成本，为 240.03 元/m³；N 为成熟林单位面积蓄积量，为 80 m³/hm²；S_1、S_2 分别为新增林地和绿地面积，hm²。

成片林地、花坛绿篱、灌木草坪对城市噪声都有一定消减作用，即使是路边的单行行道树，也有 0.5~4.5 dB 的减噪量。因此，以平均造林成本的 15% 进行核算。

3.5.3.9　维持生物多样性

本研究采用支付意愿法对受水区生物多样性保护的价值进行计算，计算公式为

$$C_9 = \sum_{i=1}^{n} N_i P_i \tag{3-20}$$

式中：C_9 为受水区生物多样性保护总价值，亿元；P_i 为第 i 级保护物种的支付意愿，亿元；N_i 为第 i 级保护物种的物种数，种。

国家 I 级保护动物物种保护价格为 5 亿元，国家 II 级保护动物物种保护价格为 0.5 亿元。

3.5.3.10　维持养分循环

选取林地、草地生产的干物质中营养物质氮磷钾积累量来反映此项功能，通过采用影子价格法将干物质中的氮磷钾量折合成化肥的价值，可估算出受水区林地、草地生态系统养分循环的经济价值：

$$C_{10} = \sum_{i=1}^{n} S_i \gamma \sum_{j=1}^{m} O_j U_j P_j \tag{3-21}$$

式中：C_{10} 为维持养分循环价值，万元；S_i 为受水区林草面积，km²；γ 为单位面积林地和草地的生产力；O_j 为土壤中氮磷钾占比；U_j 为纯氮磷钾等折算成化肥的比例，氮磷钾含量百分比分别为 0.37%、0.11%、2.24%。

本研究将 N、P、K 折算成碳酸氢铵、过磷酸钙和氯化钾，折算系数分别为 5.57、3.37、1.67；P_j 为各类化肥的销售价，碳酸氢铵的市价为 1 800 元/t，过磷酸钙为 800 元/t，氯化钾为 2 600 元/t。受水区面积来源于遥感影像提取，氮磷钾占比、纯氮磷钾等折算成化肥的比例来源于相关资料与文献。

3.5.3.11　控制降落漏斗

采用替代工程法来计算控制受水区降落漏斗的效益，计算公式为

$$C_{11} = PQ_S \tag{3-22}$$

式中：C_{11} 为太阳山供水工程供水后控制降落漏斗效益；P 为超采单方地下水所导致的地下水漏斗下降经济损失，根据参考文献取 0.41 元/m³；Q_S 为依靠太阳山供水工程累计回补、减采而新增的地下水储量，亿 m³。

3.5.3.12　生物栖息地

太阳山供水工程受水区中的水库、湿地和湖泊水域等是鱼类和鸟类最理想的栖息地

之一,为野生动植物提供了良好的栖息地和避难所。生物栖息地采用生态价值法进行计算,根据 Costanza 的研究结果,生物栖息地的价值为 304 美元/hm²,折合 20.82 万元/km²,计算公式为

$$C_{12} = S \times 0.002\,082 \tag{3-23}$$

式中:C_{12} 为生物栖息地功能价值,亿元;S 为受水区生态系统面积,km²。

第 4 章　水库/水域供水系统多维度效益评价

4.1　水库/水域供水系统研究对象和范围

4.1.1　研究对象

水库/水域研究对象为太阳山供水工程调蓄或者退水补给的水库/湖泊,包括调蓄水库和退水补给两类,太阳山供水工程涉及的相关水库/湖泊主要为刘家沟水库。此外,还有位于太阳山开发区的暖泉湖、庆华景观湖及盐湖,其中暖泉湖和庆华景观湖均为拦截苦水河形成,水源为苦水河河水,盐湖为大气降水的地表径流汇集在低洼浅滩形成。太阳山供水工程以黄河水为水源,自东干渠自流至桩号 31+200 处通过盐环定扬水系统输水,在盐环五干渠(原八干渠)桩号 8+550 处设取水口取水,自流至刘家沟调蓄水库,工程受水区退水排入苦水河。

4.1.2　研究范围

水库/水域研究范围选取刘家沟水库划定的保护区范围,包括水面面积及保护区面积。

4.2　水库/水域供水系统多维度效益评估方法

水库/水域供水系统具有多种服务功能,服务功能反映出来的经济、社会以及生态价值即为水库/水域供水系统的经济效益、社会效益以及生态效益。太阳山供水工程对水库/水域产生的多维度效益可以通过计算水库/水域供水系统的系统服务价值体现。主要是通过重点评估水库/水域供水系统中的淡水资源、水土保持、休闲娱乐等各类具有实际市场价值且易以货币量化的多维度服务价值。

4.2.1　水库/水域供水系统多维度效益评价指标体系

结合水库/水域供水系统的多维度服务功能特征,将水库/水域供水系统的服务价值划分为经济效益、社会效益以及生态效益 3 大类。太阳山供水工程水库/水域供水系统多维度效益评价指标体系见表 4.2-1。

表 4.2-1　太阳山供水工程水库/水域供水系统多维度效益评价指标体系

评价内容	准则	指标	参数/数据来源
水库/水域供水系统多维度效益	经济效益	工业供水	工业用水单价、工业用水量/《统计年鉴》《水资源公报》等
		生活供水	生活用水单价、生活用水量/《统计年鉴》《水资源公报》等
		规模化养殖供水	区域规模化养殖业产值/《统计年鉴》等
		公共绿化供水	绿化用水单价、绿化用水量/《统计年鉴》《水资源公报》等
	社会效益	旅游休闲	调查对象每次去湖库游玩/野炊的花费、调查对象每年去的次数、人口/《统计年鉴》、调查问卷等
		科研教育	核心文献篇数、SCI文献篇数、硕士论文篇数、博士论文篇数/知网统计
		文化传承	个人平均文化传承支付意愿/问卷调查、《统计年鉴》等
	生态效益	水资源贮存	单位水库库容造价/相关文献、《水资源公报》等
		水质净化	污染物入湖库量、主要污染物处理单价/相关文献、遥感影像提取
		气候调节	区域蒸发量、单位电价/《水资源公报》、相关文献
		维持生物多样性	国家保护动物种类数、国家级保护动物保护单价/相关文献、《统计年鉴》等

4.2.2　水库/水域供水系统多维度效益评价方法

对于水库/水域供水系统多维度效益评价是基于基础数据、生态学原理、工程学原理、经济学和社会学方法,对水库/水域供水系统的多维度效益进行定量评价。主要采用的评估方法有市场价值法、替代工程法、影子价格法、替代成本法、旅行费用法、支付意愿法等,如表 4.2-2 所示。

表 4.2-2 太阳山供水工程水库/水域供水系统多维度效益评价方法

功能	评估指标	评估方法
经济效益	A1 工业供水	市场价值法
	A2 城乡生活供水	市场价值法
	A3 规模化养殖供水	市场价值法
	A4 公共绿化供水	市场价值法
社会效益	B1 旅游休闲	旅行费用法
	B3 科研教育	影子价格法
	B4 文化传承	影子价格法
生态效益	C1 水资源贮存	替代工程法
	C2 水质净化	替代成本法
	C6 气候调节	替代成本法
	C9 维持生物多样性	支付意愿法

4.3 水库/水域供水系统多维度效益评价(刘家沟水库)

4.3.1 基本概况

刘家沟水库是太阳山供水工程的主要调蓄水库,刘家沟水库自盐环定扬黄工程五干渠 8+550 处引水,利用该处的天然沟道作为引水渠,设计引水流量为 10.5 m³/s,引水点五干渠水位为 1 385.78 m。刘家沟水库作为集工业供水、人畜饮水、抗旱应急水源为一体的水源地,对受水区的发展具有至关重要的地位。刘家沟水库于 2017 年被划定为水源地保护区,根据二期工程对刘家沟水库的扩容工程设计,刘家沟水库总库容由 1 000 万 m³ 扩容至 1 702 万 m³,项目建设涉及盐池县刘家沟水库饮用水水源地保护区。库区蓄水后,库区水域面积将有所增加,对局部小气候会造成一定影响,由于水的热容性较大,升温降温缓慢,水库水面水分蒸发,可增加水库周围的空气湿度,对生物的分布、生境改良等产生积极影响。

刘家沟水库于 2008 年建成,一期设计总库容 1 000 万 m³,最大调节库容为 858.32 万 m³,淤积库容为 62.19 万 m³,输水塔按二期规模一次建成,设计流量 10 万 m³/d。太阳山供水(二期)工程对刘家沟水库进行加坝,设计库容 1 953 万 m³,调节库容 1 671.63 万 m³,设计坝顶高程为 1 370.70 m,正常蓄水位 1 369.00 m。水库大坝采用后加坝方式,坝型及坝体坡度仍采用原设计参数。加坝后,主坝河床以上最大坝高 33.7 m,坝顶轴线长 1 310 m,防浪墙顶高程 1 371.7 m,坝顶高程 1 370.70 m,坝顶宽 7.0 m,坝型为均质土坝。在现状坝顶高程 1 366.50 m 处坝前坡设置 1.5 m 宽马道,马道上部坡度 1:2.75;背水面 1 355.5 m 处设置 1.5 m 宽马道,马道上部坡度 1:2.5,下部为 1:2.75,坝两岸采用帷幕灌浆方式处理坝基渗漏和坝肩绕渗问题。对输水塔交通桥进行改造,抬高混凝土支墩,使交通桥支撑基础露出水面,桥面采用预应力混凝土桥板搭设。根据供水 10 万 m^3/d 的规模,新建处理规模 5 万 m^3/d 水厂 1 座,改造加压泵站达到 10 万 m^3/d 供水能力。刘家沟水库位置与水源地保护区范围划分见图 4.3-1。

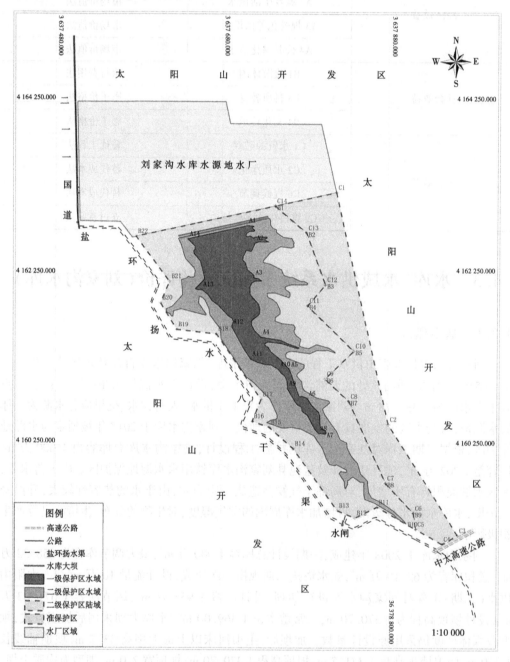

图 4.3-1　刘家沟水库位置与水源地保护区范围划分

4.3.2　经济效益

水库/水域供水系统的经济效益主要包括工业供水、生活供水、规模化养殖供水和公共绿化供水 4 个方面的效益。工业用水单价、居民生活用水单价、规模化养殖用水单价及公共绿化用水单价来源于企业工程运行数据、《吴忠市统计年鉴》；工业用水量、居民生活用水量、规模化养殖用水量及公共绿化用水量来源于企业工程运行数据、《吴忠市水资源公报》以及相关文献。刘家沟水库 2016—2020 年供水量和供水效益，如表 4.3-1 和表 4.3-2 所示。

表 4.3-1　刘家沟水库 2016—2020 年供水量　　　　单位：万 m³

指标	2016 年	2017 年	2018 年	2019 年	2020 年	平均
工业供水	627.82	748.93	849.47	898.97	930.84	811.20
生活供水	393.92	465.81	518.04	492.72	409.11	455.92
规模化养殖供水	0	0	0	11.52	78.48	18.00
公共绿化供水	117.26	118.49	7.35	106.4	147.35	99.37
其他		7.64				1.53
总计	1 139	1 340.87	1 374.86	1 509.61	1 565.78	1 386.02

表 4.3-2　刘家沟水库 2016—2020 年供水效益　　　　单位：亿元

指标	2016 年	2017 年	2018 年	2019 年	2020 年	平均
工业供水	0.376 7	0.449 4	0.509 7	0.539 4	0.558 5	0.486 7
生活供水	0.236 4	0.279 5	0.310 8	0.295 6	0.245 5	0.273 6
规模化养殖供水	0.000 0	0.000 0	0.000 0	0.006 9	0.047 1	0.010 8
公共绿化供水	0.015 2	0.015 4	0.001 0	0.013 8	0.019 2	0.012 9
总计	0.628 3	0.744 3	0.821 5	0.855 7	0.870 3	0.784 0

由表 4.3-2 可知，2016—2020 年，水库/水域供水系统（刘家沟水库）的工业供水经济效益呈现逐年上升的趋势，近 5 年的平均效益为 0.486 7 亿元。生活供水经济效益总体呈现稳定波动趋势，基本维持在 0.2 亿元以上，近 5 年的平均效益为 0.273 6 亿元。规模化养殖供水的经济效益自 2019 年实现供水后，呈现显著上升趋势，2020 年达 0.047 1 亿元。公共绿化供水的经济效益总体呈现稳定波动趋势，基本维持在 0.015 亿元以上，近 5 年的平均效益为 0.012 9 亿元。2016—2020 年，刘家沟水库总经济效益呈现稳定上升趋势，近 5 年的平均总经济效益为 0.784 0 亿元。

4.3.3　社会效益

水库/水域供水系统的社会效益主要包括供水范围所涵盖的盐池县、灵武市、红寺堡区以及同心县所产生的旅游休闲、科研教育和文化传承等 3 个方面的效益。

4.3.3.1 旅游休闲

水库/水域供水系统 2016—2020 年旅游休闲娱乐效益见表 4.3-3。

表 4.3-3 水库/水域供水系统 2016—2020 年旅游休闲娱乐效益

项目	2016 年	2017 年	2018 年	2019 年	2020 年	平均
沿线景区平均消费/(元/人)	—	—	—	—	—	—
沿线景区年平均接待游客人数/万人	—	—	—	—	—	—
每人每次去水库/水域边野炊的花费/(元/人次)	256	300	304	324	326	302
总人次/万人次	55	71	110	127	134	99.40
旅游娱乐总价值/亿元	1.41	2.13	3.34	4.12	4.37	3.07

4.3.3.2 科研教育

水库/水域供水系统 2016—2020 年科研教育效益见表 4.3-4。

表 4.3-4 水库/水域供水系统 2016—2020 年科研教育效益

项目	2016 年	2017 年	2018 年	2019 年	2020 年	平均
核心文献篇数/篇	17	26	28	32	39	28.4
SCI 文献篇数/篇	0	1	1	3	5	2
硕士论文篇数/篇	0	0	1	1	2	1
博士论文篇数/篇	0	0	0	0	0	0
核心文献科研价值/万元	236.02	141.61	424.83	283.22	70.80	231.30
SCI 文献科研价值/万元	0	11.50	11.50	34.50	57.50	23.00
硕士论文科研价值/万元	0	0	15.50	15.50	31.00	12.40
博士论文科研价值/万元	0	0	0	0	0	0
科研教育价值/万元	236.02	153.11	451.83	333.22	159.30	266.70

4.3.3.3 文化传承

水库/水域供水系统 2016—2020 年文化传承效益计算见表 4.3-5。

表4.3-5 水库/水域供水系统2016—2020年文化传承效益计算

项目	2016 年	2017 年	2018 年	2019 年	2020 年	平均
人口/万人	17.29	17.64	17.95	18.12	18.33	17.87
总价值/亿元	2.37	2.39	2.39	2.40	2.41	2.39

由表4.3-3~表4.3-5可知,2016—2020年,水库/水域供水系统(刘家沟水库)的旅游休闲经济效益呈现逐年上升的趋势,近5年的平均效益为3.07亿元。科研教育经济效益呈现逐年波动的趋势,近5年的平均效益为266.7万元。文化传承经济效益呈现稳定且略有上升的趋势,近5年的平均效益为2.39亿元。

4.3.4 生态效益

水库/水域供水系统的生态效益主要包括水资源贮存、水质净化、洪水调蓄、气候调节、生物多样性等方面的效益。

4.3.4.1 水资源贮存

水库/水域供水系统2016—2020年水资源贮存效益见表4.3-6。

表4.3-6 水库/水域供水系统2016—2020年水资源贮存效益

项目	2016 年	2017 年	2018 年	2019 年	2020 年	平均
地表水资源量/万 m^3	1 139.00	1 340.87	1 374.86	1 509.61	1 565.78	1 386.02
单位库容单价/(元/m^3)	6.11	6.11	6.11	6.11	6.11	6.11
水资源贮存/万元	6 959.29	8 192.72	8 400.39	9 223.72	9 566.92	8 468.61

4.3.4.2 水质净化

水库/水域供水系统2016—2020年水质净化效益见表4.3-7。

表4.3-7 水库/水域供水系统2016—2020年水质净化效益

项目	2016 年	2017 年	2018 年	2019 年	2020 年	平均
$N-NH_3$/万 t	0.00	0.00	0.00	0.01	0.01	0.004
COD/万 t	0.04	0.05	0.05	0.06	0.07	0.054
净化 $N-NH_3$ 价值/万元	76.92	99.36	121.79	137.82	166.67	120.51
净化 COD/万元	1 440.38	1 727.56	1 916.03	2 113.46	2 297.44	1 898.97
水质净化总价值/万元	1 517.30	1 826.92	2 037.82	2 251.28	2 464.11	2 019.48

4.3.4.3 气候调节

水库/水域供水系统2016—2020年气候调节效益,见表4.3-8。

表 4.3-8　水库/水域供水系统 2016—2020 年气候调节效益

项目	2016 年	2017 年	2018 年	2019 年	2020 年	平均
蒸发量/万 m³	247.44	256.41	270.51	282.00	296.82	270.64
气候调节价值/亿元	4.50	4.66	4.92	5.13	5.40	4.92

4.3.4.4　维持生物多样性

刘家沟水库现有国家Ⅰ级保护动物种类 3 种,国家Ⅱ级保护动物种类 23 种。区域内国家森林公园 1 个,国家湿地公园 3 个。水库/水域供水系统 2016—2020 年维持生物多样性效益见表 4.3-9。

表 4.3-9　水库/水域供水系统 2016—2020 年维持生物多样性效益　单位:亿元

Ⅰ级保护动物	3
Ⅱ级保护动物	4
物种保护总价值	8.03

由表 4.3-6~表 4.3-9 可知,2016—2020 年,水库/水域供水系统(刘家沟水库)的水资源贮存经济效益呈现逐年上升的趋势,近 5 年的平均效益为 8 468.61 万元。水质净化经济效益呈现逐年上升的趋势,近 5 年的平均效益为 2 019.48 万元。气候调节经济效益呈现稳定上升的趋势,近 5 年的平均效益为 4.92 亿元。维持生物多样性经济效益呈现稳定的趋势,近 5 年的效益为 8.03 亿元。

4.3.5　总效益

根据太阳山供水工程多维度效益评价指标和评价方法,分别对水库/水域供水系统 2016—2020 年的多种效益进行了评估计算。太阳山供水工程的水库/水域供水系统多维度效益包括经济效益、社会效益以及生态效益,具体见表 4.3-10。

表 4.3-10　水库/水域供水系统 2016—2020 年多维度效益　单位:亿元

项目	2016 年	2017 年	2018 年	2019 年	2020 年	平均
经济效益	0.628 3	0.744 3	0.821 5	0.855 7	0.870 3	0.784 0
社会效益	3.80	4.54	5.78	6.55	6.80	5.549 4
生态效益	13.38	13.69	13.99	14.31	14.63	14.00
总效益	17.81	18.97	20.59	21.72	22.30	20.28

由图 4.3-2、图 4.3-3 可以看出,太阳山供水工程水库/水域供水系统多维度效益价值 2016—2020 年平均为 20.28 亿元,整体呈上升趋势。水库/水域供水系统多维度效益在太阳山供水工程通水后上升趋势显著,这说明供水后太阳山供水工程水库/水域供水系统在气候调节、供水、生态环境以及维持生物多样性等方面效益明显,太阳山供水工程水库/水域供水系统对受水区的经济社会发展以及生态环境改善效益显著。

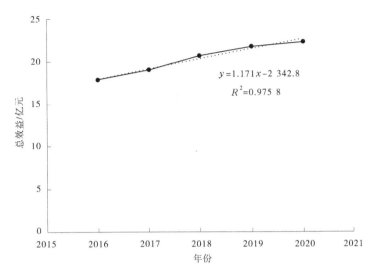

图 4.3-2　水库/水域供水系统多维度效益变化

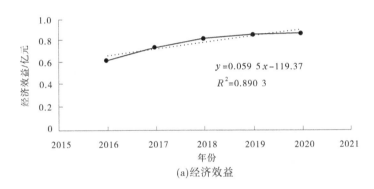

(a)经济效益

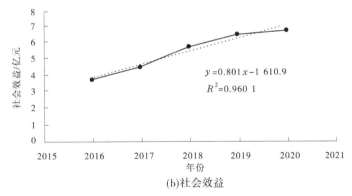

(b)社会效益

图 4.3-3　水库/水域供水系统历年多维度效益变化

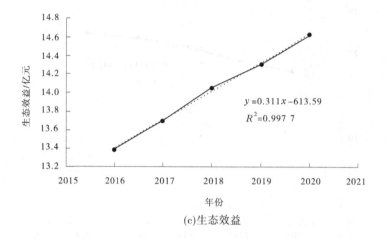

$y = 0.311x - 613.59$

$R^2 = 0.9977$

(c)生态效益

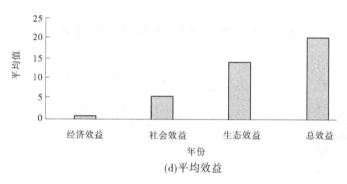

(d)平均效益

续图 4.3-3

4.4 水库/水域供水系统多维度效益评估指标体系优化

水库/水域供水系统多维度效益评估指标体系优化见表 4.4-1。

表 4.4-1 水库/水域供水系统多维度效益评估指标体系优化 %

项目		2016 年	2017 年	2018 年	2019 年	2020 年	平均值
经济效益	工业供水	2.12	2.37	2.47	2.48	2.5	2.388
	生活供水	1.33	1.47	1.5	1.36	1.1	1.352
	规模化养殖供水	<0.01	<0.01	<0.01	0.03	0.2	0.115
	公共绿化供水	0.08	0.09	0.01	0.06	0.08	0.064
	总和	3.53	3.93	3.98	3.93	3.88	3.919
社会效益	旅游休闲	7.92	11.22	16.17	18.98	19.6	14.778
	文化传承	13.31	12.59	11.57	11.05	10.81	11.866
	科研教育	0.13	0.08	0.22	0.15	0.07	0.13
	总和	21.36	23.89	27.96	30.18	30.48	26.774

续表 4.4-1

	项目	2016 年	2017 年	2018 年	2019 年	2020 年	平均值
生态效益	气候调节	25.27	24.56	23.81	23.61	24.2	24.29
	维持生物多样性	45.09	42.31	38.88	36.99	36.01	39.856
	水资源贮存	3.91	4.32	4.36	4.25	4.29	4.226
	水质净化	0.85	0.96	0.99	1.04	1.1	0.988
	总和	75.12	72.15	68.04	65.89	65.6	69.36

太阳山供水工程水库/水域供水系统各评价指标效益所占比见图 4.4-1。由图 4.4-1 可知,各评价指标效益所占比重差异较大,水库/水域供水系统多维度效益主要为供水效益、旅游休闲、科研教育、文化传承、水资源贮存、水质净化、气候调节、维持生物多样性等。为科学评价水库/水域供水系统多维度效益,将评价指标分为核心指标、辅助指标和参考指标 3 大类。

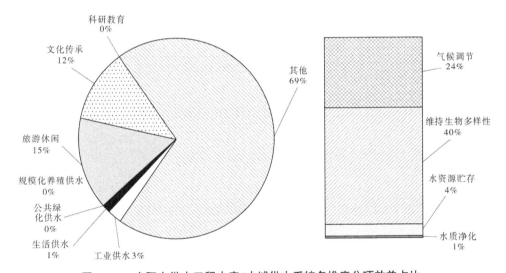

图 4.4-1　太阳山供水工程水库/水域供水系统多维度分项效益占比

本项目根据各项生态指标占比,将生态指标分为核心指标(5%以上)、辅助指标(1%~5%)和参考指标(0%~1%)。

4.4.1　核心指标

通过整理比较,本项目将太阳山供水工程水库/水域供水系统多维度效益指标占比大于总值的 5% 的指标选定为核心指标。太阳山供水工程水库/水域供水系统多维度效益核心指标占比见表 4.4-2。

由图 4.4-2 可知,2016—2020 年在太阳山供水工程水库/水域供水系统多维度效益指标体系中,旅游休闲、文化传承、气候调节、维持生物多样性指标属于核心指标。其中,旅游休闲效益的比重近 5 年整体呈现显著上升趋势,文化传承效益的比重近 5 年整体呈现下降趋势,气候调节效益的比重近 5 年整体呈现波动上升趋势,维持生物多样性效益的比重近 5 年整体呈现下降趋势。

表 4.4-2　太阳山供水工程水库/水域供水系统多维度效益核心指标占比　　　　%

项目		2016 年	2017 年	2018 年	2019 年	2020 年
社会效益	旅游休闲	7.92	11.22	16.17	18.98	19.60
	文化传承	13.31	12.59	11.57	11.05	10.81
生态效益	气候调节	25.27	24.56	23.81	23.61	24.20
	维持生物多样性	45.09	42.31	38.88	36.99	36.01

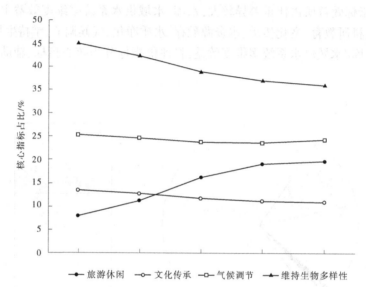

图 4.4-2　水库/水域供水系统多维度效益核心指标历年占比变化

4.4.2　辅助指标

将各类太阳山供水工程水库/水域供水系统多维度效益指标占比在总值的 1%~5% 的指标选定为辅助指标,具体见表 4.4-3。

表 4.4-3　太阳山供水工程水库/水域供水系统多维度效益辅助指标占比　　　　%

项目		2016 年	2017 年	2018 年	2019 年	2020 年
经济效益	工业供水	2.12	2.37	2.47	2.48	2.50
	生活供水	1.33	1.47	1.50	1.36	1.10
生态效益	水资源贮存	3.91	4.32	4.36	4.25	4.29
	水质净化	0.85	0.96	0.99	1.04	1.10

由图 4.4-3 可知,2016—2020 年在太阳山供水工程水库/水域供水系统多维度效益指标体系中,工业供水、生活供水、水资源贮存、水质净化属于辅助指标。其中,工业供水效益的比重近 5 年整体呈现显著上升趋势,生活供水效益的比重近 5 年整体呈现波动下降

趋势,水资源贮存效益的比重近 5 年整体呈现波动稳定趋势,水质净化效益的比重近 5 年整体呈现上升趋势。

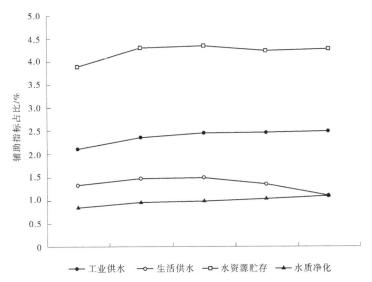

图 4.4-3   水库/水域供水系统多维度效益辅助指标历年占比变化

4.4.3   参考指标

将各类太阳山供水工程水库/水域供水系统多维度效益指标占比在总值 1% 以下的指标选定为参考指标。太阳山供水工程水库/水域供水系统多维度效益参考指标占比见表 4.4-4。

表 4.4-4   太阳山供水工程水库/水域供水系统多维度效益参考指标占比   %

项目		2016 年	2017 年	2018 年	2019 年	2020 年
经济效益	规模化养殖供水	<0.01	<0.01	<0.01	0.03	0.20
	公共绿化供水	0.08	0.09	0.01	0.06	0.08
社会效益	科研教育	0.13	0.08	0.22	0.15	0.07

由图 4.4-4 可知,2016—2020 年在太阳山供水工程水库/水域供水系统多维度效益指标体系中,规模化养殖供水、公共绿化供水、科研教育属于参考指标。其中,规模化养殖供水效益的比重近 2 年整体呈现波动趋势,公共绿化供水效益的比重近 5 年整体呈现波动稳定趋势,科研教育效益的比重近 5 年整体呈现波动下降趋势。

4.4.4   指标优化结果

太阳山供水工程水库/水域供水系统多维度效益评价指标优化结果见表 4.4-5。

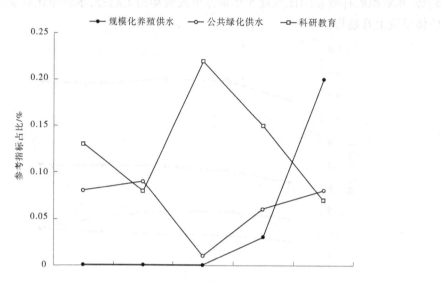

图 4.4-4　水库/水域供水系统多维度效益参考指标历年占比变化

表 4.4-5　太阳山供水工程水库/水域供水系统多维度效益评价指标优化

序号	指标类型	多维度效益指标	占比/%
1	核心指标	维持生物多样性	39.86
		气候调节	24.29
		旅游休闲	14.78
		文化传承	11.87
2	辅助指标	水资源贮存	4.23
		工业供水	2.39
		生活供水	1.35
3	参考指标	水质净化	0.99
		科研教育	0.13
		规模化养殖供水	0.12
		公共绿化供水	0.06

　　由表 4.4-5 可知,优化后的太阳山供水工程水库/水域供水系统多维度效益指标体系中,维持生物多样性、气候调节、旅游休闲、文化传承属于核心指标;水资源贮存、工业供水、生活供水属于辅助指标;水质净化、科研教育、规模化养殖供水、公共绿化供水属于参考指标。

第 5 章 湿地系统多维度效益评价

5.1 湿地系统多维度效益评价研究范围

太阳山供水工程直接或间接涉及湿地主要为太阳山温泉湖湿地(国家湿地公园)等。太阳山温泉湖湿地是宁夏中部干旱带上唯一的大型湿地,位于宁夏回族自治区吴忠市太阳山开发区,地处毛乌素沙地西缘,地理坐标为东经 $106°32'01'' \sim 106°40'58''$,北纬 $37°23'59'' \sim 37°29'17''$。由西区-温泉湖和东区-盐湖组成,规划总面积 2 447.5 hm^2,其中湿地总面积 1 492.7 hm^2,湿地率60.99%。共有植物48科78属152种,野生动物42科88种。2018 年 12 月 29 日,太阳山温泉湖湿地通过国家林业和草原局 2018 年试点国家湿地公园验收,正式成为"国家湿地公园"。湿地公园内主要河流为苦水河,由东向西经湿地公园西北注入黄河。湿地水源补给方式主要依靠地下水、自然降水和水库补水。太阳山地区历史文化资源丰富。早在 2 000 多年前,就有中华各民族在这片温泉流淌的土地上繁衍生息,根据太阳山温泉湖湿地地形地貌、水域分布以及景观资源特色等,将太阳山湿地公园规划为 5 个功能区:湿地保育区、恢复重建区、宣教展示区、合理利用区、管理服务区。此外,太阳山开发区片区可以利用的水源主要为太阳山供水工程及太阳山污水处理厂处理后的中水,由于现状中水水质不达标,自 2020 年至今暂无中水回用,2020 年批复实施了《苦水河太阳山段人工湿地水质改善项目》,通过建设人工湿地工程对太阳山污水处理厂尾水进行深度处理。

5.2 湿地系统多维度效益评价方法

5.2.1 湿地系统多维度效益评价指标

将太阳山供水工程湿地系统多维度效益价值划分为社会效益和生态效益二大类,每大类里面划分了若干小类,构建了太阳山供水工程湿地系统多维度效益评价指标体系,具体见表 5.2-1。

5.2.2 湿地生态系统服务效益评价方法

对于太阳山供水工程湿地系统多维度效益价值主要采用的评价方法有直接市场法、替代工程法、经典理论法、影子价格法、替代市场法、旅行费用法、条件价值法等。

表 5.2-1　太阳山供水工程湿地系统多维度效益评价指标体系

评价内容	准则	指标	参数/数据来源
太阳山供水工程湿地系统多维度效益价值	社会效益	旅游休闲	目标湿地每年旅游的直接收入、每年接待旅游人口/《统计年鉴》、当地文化和旅游局数据
		科研教育	湿地面积、单位面积湿地科研教育价值/Constanza 经典理论、遥感影像提取分析等
		文化传承	个人平均文化传承支付意愿、周边生活人口/湿地非使用价值、评价问卷调查、《统计年鉴》、相关文献资料等
	生态效益	水资源贮存	湿地蓄存水资源的市场价值/《统计年鉴》《水资源公报》、遥感影像提取分析
		水质净化	湿地面积、单位面积净水水质的价值/Constanza 经典理论、相关文献资料、遥感影像提取分析等
		固碳释氧	植被面积、单位面积植被固碳量、造林成本/《统计年鉴》、国家林业局数据、遥感影像提取分析等
		空气净化	市场处理负离子单价、工业粉尘处理成本、湿地面积/河流生态系统服务价值评估、《统计年鉴》、相关文献资料、遥感影像提取分析等
		气候调节	水汽蒸腾在调节气候方面的生态价值、湿地面积、蒸发量/湿地自然保护区生态服务功能及价值研究、相关文献资料等
		维持生物多样性	国家保护动物种类数、国家级保护动物保护单价、新闻报道、相关文献资料、《统计年鉴》等
		生物栖息地	湿地面积、单位面积生物栖息地价值/Constanza 经典理论、相关文献资料、遥感影像提取分析等

5.3　湿地生态系统服务效益评价(太阳山温泉湖湿地)

5.3.1　基本概况

太阳山温泉湖湿地是宁夏中部干旱带上唯一的大型湿地,位于宁夏回族自治区吴忠市太阳山开发区,地处毛乌素沙地西缘,地理坐标为东经 106°32′01″~106°40′58″,北纬 37°23′59″~37°29′17″。由西区-温泉湖和东区-盐湖组成,规划总面积 2 447.5 hm²,其中湿地总面积 1 492.7 hm²,湿地率 60.99%。共有植物 48 科 78 属 152 种,野生动物 42 科 88 种。2018 年 12 月 29 日,太阳山温泉湖湿地通过国家林业和草原局 2018 年试点国家湿地公园验收,正式成为"国家湿地公园"。湿地公园内主要河流为苦水河,由东向西经湿地公园西北注入黄河。湿地水源补给方式主要依靠地下水、自然降水和水库补水。太阳山地区历史文化资源丰富。早在 2 000 多年前,就有中华各民族在这片温泉流淌的土地上繁衍生息,根据太阳山温泉湖湿地地形地貌、水域分布以及景观资源特色等,将太阳山湿地公园规划为 5 个功能区:湿地保育区、恢复重建区、宣教展示区、合理利用区、管理服务区。此外,太阳山开发区片区可以利用的水源主要为太阳山供水工程及太阳山污水处理厂处理后的中水,由于现状中水水质不达标,自 2020 年至今暂无中水回用,太阳山于 2020 年批复实施了《苦水河太阳山段人工湿地水质改善项目》,通过建设人工湿地工程对太阳山污水处理厂尾水进行深度处理。太阳山温泉湖湿地示意如图 5.3-1 所示。

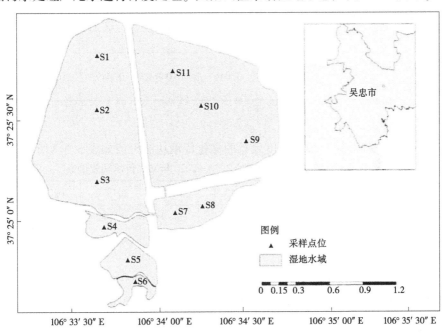

图 5.3-1　太阳山温泉湖湿地示意

5.3.2　社会效益

　　太阳山供水工程湿地系统多维度效益价值的社会效益主要包括旅游休闲、科研教育和文化传承 3 个方面的效益。

5.3.2.1　旅游休闲

　　太阳山供水工程湿地系统多维度效益旅游休闲功能价值如表 5.3-1 所示。

表 5.3-1 太阳山温泉湖湿地 2016—2020 年旅游休闲功能价值

项目	2016 年	2017 年	2018 年	2019 年	2020 年	平均
直接旅游收入/亿元	0.27	0.58	0.66	0.86	0.77	0.63
每年接待游客人数/万人次	7.73	12.11	13.66	17.40	14.82	13.14
人均开销/元	6.76	6.76	6.76	6.76	6.76	6.76
人均时间成本/元	44.24	44.24	44.24	44.24	44.24	44.24
旅游休闲价值/亿元	0.58	1.06	1.20	1.55	1.36	1.15

5.3.2.2 科研教育

太阳山供水工程湿地系统多维度效益的科研教育功能价值如表 5.3-2 所示。

表 5.3-2 太阳山温泉湖湿地 2016—2020 年科研教育功能价值

项目	2016 年	2017 年	2018 年	2019 年	2020 年	平均
太阳山温泉湖湿地面积/hm²	1 403.16	1 268.81	1 209.10	1 134.47	1 492.72	1 301.65
科研教育功能价值/亿元	0.044	0.046	0.049	0.049	0.048	0.047

5.3.2.3 文化传承

太阳山供水工程湿地系统多维度效益的文化传承功能价值如表 5.3-3 所示。

表 5.3-3 太阳山温泉湖湿地 2016—2020 年文化传承功能价值

项目	2016 年	2017 年	2018 年	2019 年	2020 年	平均
受水区人口/万人	17.29	17.64	17.95	18.12	18.33	17.87
太阳山温泉湖湿地非使用价值的人均支付意愿/元	62	62	62	62	62	62
文化传承总价值/亿元	0.107	0.109	0.111	0.112	0.114	0.111

由表 5.3-1~表 5.3-3 可知,2016—2020 年,太阳山温泉湖湿地的旅游休闲功能价值先呈现逐年上升再下降的趋势,近 5 年的平均效益为 1.15 亿元。科研教育经济效益呈现逐年波动的趋势,近 5 年的平均效益为 470 万元。文化传承经济效益呈现稳定略有上升的趋势,近 5 年的平均效益为 1 110 万元。太阳山温泉湖湿地社会效益平均效益柱状图如图 5.3-2 所示。

5.3.3 生态效益

太阳山供水工程湿地系统的生态效益主要包括水质净化、空气净化、固碳释氧、气候调节、维持生物多样性、生物栖息地等方面的效益。

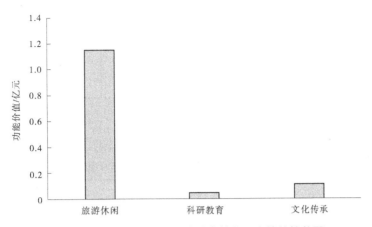

图 5.3-2　太阳山温泉湖湿地社会效益平均效益柱状图

5.3.3.1　水质净化

太阳山温泉湖湿地水质净化功能价值如表 5.3-4 所示。

表 5.3-4　太阳山温泉湖湿地 2016—2020 年水质净化功能价值

项目	2016 年	2017 年	2018 年	2019 年	2020 年	平均
太阳山温泉湖湿地面积/hm²	1 403.16	1 268.81	1 209.10	1 134.47	1 492.72	1 301.65
水质净化价值/亿元	0.193	0.190	0.189	0.191	0.196	0.192

5.3.3.2　空气净化

太阳山温泉湖湿地空气净化效益如表 5.3-5 所示。

表 5.3-5　太阳山温泉湖湿地 2016—2020 年空气净化效益

项目	2016 年	2017 年	2018 年	2019 年	2020 年	平均
负离子增加量/(10^{10} 个)	151 676	149 115	148 264	149 958	153 361	150 475
粉尘吸收量/t	568.38	558.78	555.58	561.93	574.69	563.87
负离子/万元	31.55	31.02	30.84	31.19	31.90	31.3
粉尘/万元	8.53	8.38	8.33	8.43	8.62	8.46
空气净化总价值/万元	40.08	39.40	39.17	39.62	40.52	39.76

5.3.3.3　固碳释氧

1. 固碳

太阳山温泉湖湿地历年的固碳功能价值如表 5.3-6 所示。

表 5.3-6　太阳山温泉湖湿地 2016—2020 年固碳功能价值

项目	2016 年	2017 年	2018 年	2019 年	2020 年	平均
芦苇产量/万 t	0.28	0.40	0.46	0.48	0.56	0.44
固碳功能价值/亿元	0.02	0.02	0.03	0.03	0.03	0.03

2. 释氧

太阳山温泉湖湿地历年的释氧功能价值如表 5.3-7 所示。

表 5.3-7　太阳山温泉湖湿地 2016—2020 年释氧功能价值

项目	2016 年	2017 年	2018 年	2019 年	2020 年	平均
芦苇产量/万 t	0.28	0.40	0.46	0.48	0.56	0.44
释氧功能价值/亿元	0.03	0.05	0.06	0.06	0.07	0.05

太阳山温泉湖湿地固碳释氧功能总价值如表 5.3-8 所示。

表 5.3-8　太阳山温泉湖湿地 2016—2020 年固碳释氧功能总价值

项目	2016 年	2017 年	2018 年	2019 年	2020 年	平均
芦苇产量/万 t	0.28	0.40	0.46	0.48	0.56	0.44
固碳释氧功能价值/亿元	0.05	0.07	0.09	0.09	0.10	0.08

5.3.3.4　气候调节

太阳山温泉湖湿地气候调节功能价值如表 5.3-9 所示。

表 5.3-9　太阳山温泉湖湿地 2016—2020 年气候调节功能价值

项目	2016 年	2017 年	2018 年	2019 年	2020 年	平均
蒸发量/万 m³	168.41	108.65	135.81	211.86	217.30	168.41
气候调节价值/亿元	2.11	1.36	1.64	2.64	2.67	2.08

湿地生态系统的支持效益主要为维持生物多样性和生物栖息地的效益。

5.3.3.5　维持生物多样性

太阳山温泉湖湿地维持生物多样性功能价值如表 5.3-10 所示。

表 5.3-10　太阳山温泉湖湿地 2016—2020 年维持生物多样性功能价值

项目	2016 年	2017 年	2018 年	2019 年	2020 年	平均
太阳山温泉湖湿地鱼类数量/个	7	7	7	7	7	7
太阳山温泉湖湿地鸟类数量/个	25	25	25	25	25	25
维持生物多样性价值/亿元	0.88	0.88	0.88	0.88	0.88	0.88

5.3.3.6　生物栖息地

太阳山温泉湖湿地生物栖息地功能价值如表 5.3-11 所示。

表 5.3-11　太阳山温泉湖湿地生物栖息地功能价值

项目	2016 年	2017 年	2018 年	2019 年	2020 年	平均
太阳山温泉湖湿地面积/hm²	1 403.16	1 268.81	1 209.10	1 134.47	1 492.72	1 301.65
生物栖息地价值/亿元	0.049	0.049	0.048	0.049	0.05	0.049

由表 5.3-4~表 5.3-11 可知,2016—2020 年太阳山温泉湖湿地水质净化功能价值呈现逐年波动的趋势,近 5 年的平均效益为 1 920 万元。空气净化功能价值呈现先下降再上升的趋势,近 5 年的平均效益为 39.76 万元。固碳功能价值呈现稳定略有上升的趋势,近 5 年的平均效益为 300 万元。释氧功能价值呈现稳定上升的趋势,近 5 年的平均效益为 500 万元。气候调节功能价值呈先下降再上升的趋势,近 5 年的平均效益为 2.08 亿元。维持生物多样性功能价值呈现稳定的趋势,近 5 年的效益为 8 800 万元。生物栖息地功能价值呈现逐年波动的趋势,近 5 年平均效益为 490 万元。太阳山温泉湖湿地生态效益平均效益柱状图如图 5.3-3 所示。

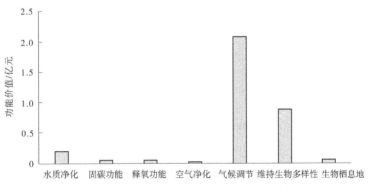

图 5.3-3　太阳山温泉湖湿地生态效益平均效益柱状图

5.3.4　总效益

根据太阳山供水工程湿地系统多维度效益评价指标和评价方法,分别对太阳山温泉湖湿地 2016—2020 年各类生态环境效益进行了评估。太阳山温泉湖湿地生态环境效益包括社会效益和生态效益,具体见表 5.3-12、图 5.3-4、图 5.3-5 和图 5.3-6。

表 5.3-12　太阳山供水工程湿地系统多维度效益汇总　　　　　　　单位:亿元

项目	2016 年	2017 年	2018 年	2019 年	2020 年	平均
社会效益	0.73	1.21	1.36	1.71	1.52	1.31
生态效益	3.28	2.55	2.85	3.85	3.90	3.29
总计	4.01	3.76	4.21	5.56	5.42	4.60

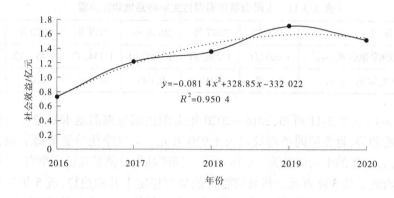

图 5.3-4　太阳山温泉湖湿地社会效益变化图

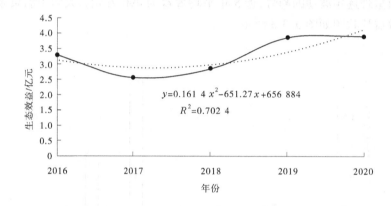

图 5.3-5　太阳山温泉湖湿地生态效益变化图

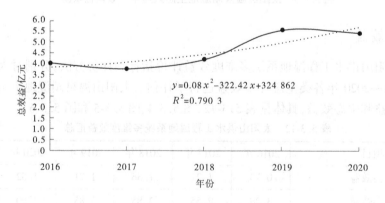

图 5.3-6　太阳山温泉湖湿地生态环境总效益变化图

由图 5.3-4~图 5.3-6 可以看出,太阳山供水工程湿地系统多维度效益价值在 2016—2020 年总体呈上升趋势,从 2016 年的 4.01 亿元上升至 2020 年的 5.42 亿元,上升趋势显著,表明在太阳山供水工程通水后,太阳山温泉湖湿地多维度效益价值有明显上升趋势,说明太阳山供水工程对太阳山温泉湖湿地生态环境改善和提高作用显著。太阳山温泉湖湿地平均效益柱状图如图 5.3-7 所示。

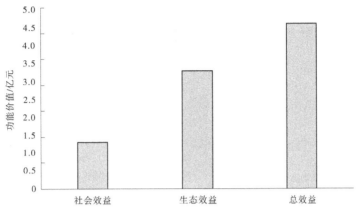

图 5.3-7　太阳山温泉湖湿地平均效益柱状图

5.4　湿地评价指标体系优化

评价指标体系优化可根据各指标在太阳山温泉湖湿地生态系统多维度效益贡献率将指标分为核心指标、辅助指标和参考指标。

通过计算太阳山温泉湖湿地生态系统 2016—2020 年各指标的贡献率并取平均,得到多维度效益贡献率,见表 5.4-1。

表 5.4-1　太阳山供水工程太阳山温泉湖湿地系统多维度效益指标贡献率　　　　　　%

指标体系	指标名称	多维度效益指标贡献率					
		2016 年	2017 年	2018 年	2019 年	2020 年	平均值
社会效益	旅游休闲	14.43	28.12	28.5	27.83	25.09	24.79
	科研教育	1.09	1.22	1.16	0.88	0.89	1.05
	文化传承	2.66	2.89	2.64	2.01	2.10	2.46
生态效益	水质净化	4.80	5.04	4.49	3.43	3.62	4.28
	固碳功能	0.50	0.53	0.71	0.54	0.55	0.57
	释氧功能	0.75	1.33	1.43	1.08	1.29	1.18
	空气净化	0.10	0.10	0.09	0.07	0.07	0.09
	气候调节	52.49	36.07	38.95	47.40	49.26	44.83
	维持生物多样性	21.89	23.34	20.90	15.80	16.24	19.63
	生物栖息地	1.22	1.30	1.14	0.88	0.92	1.09

太阳山温泉湖湿地生态系统多维度效益各评价指标占比如图5.4-1所示。由图5.4-1可知,各评价指标效益所占比重差异较大,太阳山温泉湖湿地系统多维度效益主要为气候调节、旅游休闲、维持生物多样性等。为科学评价生态系统环境效益,将评价指标分为核心指标、辅助指标和参考指标3大类。

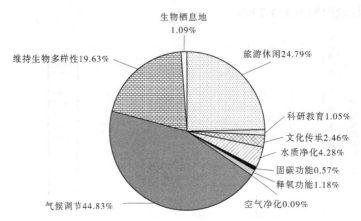

图 5.4-1　太阳山温泉湖湿地历年平均多维度效益指标占比

5.4.1　核心指标

太阳山温泉湖湿地多维度效益核心指标占比具体见表5.4-2。

表 5.4-2　太阳山温泉湖湿地多维度效益核心指标占比　　　　　　%

项目		2016 年	2017 年	2018 年	2019 年	2020 年
社会效益	旅游休闲	14.43	28.12	28.50	27.83	25.09
生态效益	气候调节	52.49	36.07	38.95	47.40	49.26
	维持生物多样性	21.89	23.34	20.90	15.80	16.24

从图5.4-2中可以看出,旅游休闲效益、维持生物多样性效益指标占比在2016—2020年总体呈先上升后下降趋势,气候调节效益指标占比在2016—2020年总体呈现波动下降趋势。

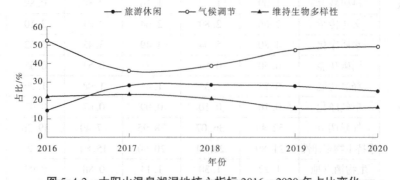

图 5.4-2　太阳山温泉湖湿地核心指标 2016—2020 年占比变化

5.4.2　辅助指标

太阳山温泉湖湿地多维度效益辅助指标占比具体见表5.4-3。

表 5.4-3　太阳山温泉湖湿地多维度效益辅助指标占比　　　　　　%

项目		2016 年	2017 年	2018 年	2019 年	2020 年
社会效益	科研教育	1.09	1.22	1.16	0.88	0.89
	文化传承	2.66	2.89	2.64	2.01	2.10
生态效益	水质净化	4.80	5.04	4.49	3.43	3.62
	生物栖息地	1.22	1.30	1.14	0.88	0.92
	释氧功能	0.75	1.33	1.43	1.08	1.29

从图5.4-3中可以看出,释氧功能效益指标占比整体呈上升趋势,科研教育、文化传承、水质净化、生物栖息地指标占比总体呈下降趋势。

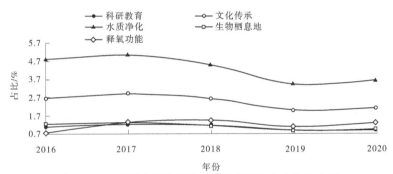

图 5.4-3　太阳山温泉湖湿地辅助指标历年占比变化图

5.4.3　参考指标

将各类指标占比在总值1%以下的指标选定为参考指标。太阳山温泉湖湿地多维度效益参考指标占比见表5.4-4。

表 5.4-4　太阳山温泉湖湿地多维度效益参考指标占比　　　　　　%

项目		2016 年	2017 年	2018 年	2019 年	2020 年
生态效益	空气净化	0.10	0.10	0.09	0.07	0.07
	固碳功能	0.50	0.53	0.71	0.54	0.55

从图5.4-4中可以看出,固碳功能指标占比整体呈上升趋势,空气净化指标占比总体呈下降趋势。

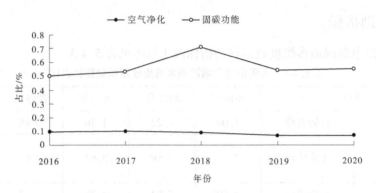

图 5.4-4 太阳山温泉湖湿地参考指标历年占比变化图

5.4.4 指标优化结果

太阳山温泉湖湿地多维度效益评价指标优化结果见表 5.4-5。

表 5.4-5 太阳山温泉湖湿地多维度效益评估指标优化结果　　　　　　　　%

序号	指标类型	多维度效益指标	占比
1	核心指标	气候调节	44.83
		旅游休闲	24.79
		维持生物多样性	19.63
2	辅助指标	水质净化	4.28
		文化传承	2.46
		释氧功能	1.18
		生物栖息地	1.09
		科研教育功能	1.05
3	参考指标	固碳功能	0.57
		空气净化	0.09

由表 5.4-5 可知,在优化后的太阳山温泉湖湿地多维度效益评估指标体系中,气候调节、旅游休闲、维持生物多样性属于核心指标;水质净化、文化传承、释氧功能、生物栖息地、科研教育属于辅助指标;固碳功能、空气净化属于参考指标。

第6章　城乡供水系统多维度效益评价

6.1　城乡供水系统多维度效益评价研究范围

城乡供水系统多维度效益评价研究范围为太阳山供水工程的受水区,太阳山供水工程(二期)水源工程于2022年7月正式开工建设,目前水源工程坝体填筑已顺利封顶,二期工程中的新建净水厂、加压泵站等工程正处于建设当中,二期工程尚未发挥实际效益。因此,本项目主要针对太阳山供水工程(一期)受水区所产生的经济效益、社会效益以及生态效益进行综合评价分析与研究工作。根据2020年工程实际运行数据,太阳山供水工程(一期)的现状总供水能力9.8万 m^3/d,共分为南线、东线和北线3条主线及东北线1条支线,其中:南线供水对象为太阳山开发区片区,现状供水能力5万 m^3/d(包含太阳山生活供水能力0.8万 m^3/d);东线供水对象为盐池县片区,现状供水能力1.8万 m^3/d(包含马家滩镇0.7万 m^3/d);北线供水对象为灵武市片区白土岗养殖基地人畜饮水及绿化,现状供水能力3万 m^3/d;东北线供水对象为灵武市马家滩镇及矿区,从东线烟墩山蓄水池取水,现状供水能力0.7万 m^3/d,已包含在东线供水能力中。

6.1.1　太阳山开发区片区

太阳山开发区片区由南线供水,包括工业和生活供水2条主管线,供水对象为太阳山、同心和萌城工业园区生产生活、绿化用水,同时解决太阳山镇(含红寺堡3个村)人畜生活用水。

刘家沟工业净水厂建于2008年,位于刘家沟左岸,坝后500 m处,一期供水能力5万 m^3/d;太阳山生活净水厂位于太阳山镇西北,从刘家沟至太阳山工业输水管道右侧取水,一期生活供水规模0.8万 m^3/d。

输水管基本沿刘家沟净水厂与太阳山净水厂直线布置,双管并排铺设,总长37.21 km,管径均为0.8 m。其中,工作压力等级大于0.8 MPa的管道采用PCCP管铺,铺设长12.7 km;工作压力等级小于0.8 MPa的管道采用PCP管铺,铺设长24.51 km。根据工业和生活用水水质要求,采用分质供水方案。工业供水标准满足工业循环冷却水水质标准,生活供水标准满足《生活饮用水卫生标准》(GB 5749—2022)。

6.1.2　盐池县片区

盐池县片区由东线供水,供水对象包括盐池县3镇4乡(不含高沙窝)人畜生活用水。盐池人饮工程于 2009 年建成,净水厂位于刘家沟水库坝后,水厂及加压泵站供水规模均为 1.8 万 m^3/d,铺设 DN350~600 mm 的盐池人饮主干管 87 km,出水水质满足《生活饮用水卫生标准》(GB 5749—2022)。

2016 年实施了宁夏回族自治区盐池县冯记沟乡抗旱应急水源工程,在刘家沟水库坝后 500 m 处新建净水厂,新增水处理规模 2 万 m^3/d,与盐池人饮净水厂互为备用,未建加压泵站。

6.1.3　灵武市片区

灵武市片区分为马家滩矿区及白土岗养殖基地。马家滩镇和矿区生产生活由东北支线供水,自盐池人饮工程烟墩山蓄水池取水,供水能力 0.7 万 m^3/d,铺设 DN350 mm 管线 30 km,向南与宁东供水工程管线连通互为备用;白土岗养殖基地由 2018 年实施的灵武市白土岗养殖基地人畜引水骨干工程供水,即北线,现状已建成供水能力 3 万 m^3/d,铺设 DN500 mm 压力管道 23 km 及 DN600 mm 压力管道 29 km。

因此,城乡供水系统多维度效益评价研究范围包括太阳山开发区(含太阳山镇)、同心县工业园区、盐池县城(花马池镇)等 7 个乡镇人畜饮水和萌城工业园区、红寺堡区糖坊梁、小泉、巴庄等村镇以及灵武市马家滩矿区及白土岗养殖基地,区域水资源及其开发利用状况的分析范围涉及太阳山开发区、同心县、盐池县、红寺堡区及灵武市。

6.2　城乡供水系统多维度效益评价方法

6.2.1　城乡供水系统多维度效益评价指标体系

按照城乡供水系统多维度效益的内涵,太阳山供水工程受水区的多维度效益共分为经济效益、社会效益以及生态效益等方面的内容,城乡供水系统多维度效益评价指标如表 6.2-1 所示。

6.2.2　城乡供水系统多维度效益评价方法

本项目采用价值量评估方法计算城乡供水系统多维度效益评价价值,结合太阳山供水工程城乡受水区和本节评估的特性,拟采用的评估方法主要有市场价值法、替代工程法、替代成本法、影子价格法、条件价值法、开采损失法、旅行费用法、费用分析法等,见表 6.2-2。

表 6.2-1　城乡供水系统多维度效益评价体系

评价内容	准则	指标	参数/数据来源
城乡供水系统多维度效益	经济效益	工业供水	工业用水单价,工业用水量/《统计年鉴》《水资源公报》等
		生活供水	生活用水单价,生活用水量/《统计年鉴》《水资源公报》等
		规模化养殖供水	区域规模化养殖业产值/《统计年鉴》等
		公共绿化供水	绿化用水单价,绿化用水量/《统计年鉴》《水资源公报》等
	社会效益	旅游休闲	林地、草地和水域的面积,单位面积林地、草地和水域的年休闲旅游价值/相关文献
		景观美学	吴忠市观景房面积,观景房价格/相关文献
		科研教育	单篇文献的科研教育价值,文献篇数/中国知网,《调水工程的水资源多维价值评估研究》
		文化传承	平均每个居民每年愿意拿出维护太阳山供水工程的资金,吴忠市常住人口/调查问卷,相关文献
		水资源贮存	新增明渠水量,单位水量贮存成本/相关文献,网页新闻
	生态效益	水质净化	水的净化费用,降水量,蒸发量,新增林地绿地面积/《水资源公报》,网页新闻
		空气净化	新增林地面积,SO_2,NO_x,粉尘处理成本/《城市生态系统服务功能价值的研究与实践》/网页新闻
		固碳释氧	新增林地绿地面积,每公顷林地绿地每天固定 CO_2 量,CO_2、造林成本、每公顷林地绿地每天释放 O_2 量、制氧工业成本/《城市生态系统服务功能价值的研究与实践》/网页新闻/相关文献
		防止土壤侵蚀	水土保持林面积,单位面积林地每年防止土壤侵蚀的能力,土壤容重,土壤的平均厚度,林业生产的平均收益/相关文献
		气候调节	新增林地面积,新增林地绿地面积,电价,水面蒸发量,新增地下水储量/《水资源公报》《地下水生态服务价值评估》/网页新闻、相关文献
		水源涵养	新增林地绿地面积,单位面积水源涵养能力,新增地下水储量/《水资源公报》《地下水生态服务价值评估》/网页新闻/相关文献

续表 6.2-1

评价内容	准则	指标	参数/数据来源
城乡供水系统多维度效益		减少噪声	新增林地绿地面积,平均造林成本,成熟林单位面积蓄积量/《吴忠市城市公园绿地生态服务价值动态分析》网页新闻/相关文献
	生态效益	维持生物多样性	林地、草地和水域的面积,单位面积林地、草地和水域的年生物多样性维持价值/相关文献
		维持养分循环	N,P,K 的价格,化肥中 N,P,K 含量/相关文献
		预防地面沉降	超采单方地下水所导致的地面沉降经济损失,新增地下水储量/相关文献
		控制降落漏斗	超采单方地下水所导致的地下水漏斗下降经济损失,新增地下水储量/相关文献
		生物栖息地	吴忠南水北调生态文化公园基本建设费,吴忠市社会经济发展阶段,发展阶段系数/相关文献

表 6.2-2 评估方法

功能	评估指标	评估方法
经济效益	工业供水、生活供水、规模化养殖供水、公共绿化供水	市场价值法
社会效益	旅游休闲	旅行费用法
	景观美学	影子价格法
	科研教育	费用分析法
	文化传承	条件价值法
生态效益	水资源贮存	替代工程法
	水质净化	替代成本法
	空气净化	替代成本法
	固碳释氧	影子价格法
	防止土壤侵蚀	影子价格法
	气候调节	替代成本法
	水源涵养	替代工程法
	减少噪声	替代工程法
	维持生物多样性	影子价格法
	维持养分循环	影子价格法
	预防地面沉降	开采损失法
	控制降落漏斗	开采损失法
	生物栖息地	替代工程法

6.3 城乡供水系统多维度效益评价(工程受水区)

6.3.1 基本概况

本项目受水区内无其他集中供水工程,现状统一由太阳山供水工程供水。根据太阳山水务有限责任公司近年来供水统计,太阳山供水工程现状供水范围包括灵武市、盐池县和太阳山开发区 3 个片区,共有主供水管线 4 条,按供水方向分为北线、东北线、东线和南线供水管道,具体如下:

(1)灵武市片区:该片区有北线和东北线 2 条主管线,其中北线供水对象为白土岗养殖基地人畜生活及绿化用水;东北线供水对象为马家滩镇和矿区生活生产用水。

(2)盐池县片区:该片区为东线供水管道,供水对象为盐池县3镇4乡(不含高沙窝)人畜生活饮用水。

(3)太阳山开发区片区:该片区为南线供水管道,包括工业和生活供水2条主管线,供水对象为太阳山、同心和萌城工业园区生产生活、绿化用水,同时解决太阳山镇(含红寺堡3个村)人畜生活用水。

根据《宁夏水资源公报(2020年)》,太阳山水务有限责任公司2020年取水量(五干渠)1 851万 m^3,其中灵武市280万 m^3,太阳山开发区1 000万 m^3,盐池县547万 m^3,同心县24万 m^3。太阳山供水工程现状取水量统计见表6.3-1。

表6.3-1　太阳山供水工程现状取水量统计　　　　单位:万 m^3

县(市、区)	取水许可核定 五干渠取水量	2020年取水量	现状-核定
太阳山开发区	877.27	1 000	109.05
红寺堡区	13.68		
盐池县	817.98	547	-270.98
灵武市	361.45	280	-81.45
同心县	54.27	24	-30.27
合计	2 124.65	1 851	-273.65

根据《准予核发宁夏太阳山水务有限责任公司取水许可决定书》(宁水审发〔2021〕108号),准予太阳山供水工程年取水许可总量1 273.11万 m^3(五干渠),2020年实际取水量1 851万 m^3,超许可取水,主要原因是1 273.11万 m^3 许可水量中除包含生活和养殖业用水外,工业仅包含庆华(一期)用水,目前太阳山工业园区各企业正在进行水权交易并办理取水许可,水资源论证均已通过水利厅审查。

根据太阳山水务有限责任公司统计资料,太阳山供水工程2016—2020年实际供水量分别为1 139.00万 m^3、1 340.87万 m^3、1 374.86万 m^3、1 509.61万 m^3、1 565.78万 m^3,近5年平均供水量为1 386.02万 m^3。从近5年供水统计数据来看,太阳山供水工程现状供水量呈逐年增加的趋势。其中,现状2020年供水量最大为1 565.78万 m^3(4.29万 m^3/d)。太阳山供水工程近5年供水量统计见第2章表2.3-2。

6.3.2　经济效益

城乡供水系统多维度效益2016—2020年经济效益按照产业类型进行核算,如表6.3-2所示。

表 6.3-2　城乡供水系统多维度效益 2016—2020 年经济效益　　　　单位:亿元

产业类型		第一产业	第二产业	第三产业	合计
多维度效益 总价值	2016 年	24.90	121.58	48.05	194.53
	2017 年	24.65	132.66	51.60	208.91
	2018 年	22.08	145.34	57.91	225.33
	2019 年	21.19	155.28	64.28	240.75
	2020 年	20.31	173.17	66.92	260.4
平均		22.63	145.61	57.75	225.99

由表 6.3-2 可知,2016—2020 年,城乡供水系统的第一产业经济效益呈现逐年下降的趋势,近 5 年的平均效益为 22.63 亿元。第二产业经济效益总体呈现逐年上升的趋势,近 5 年的平均效益为 145.61 亿元。第三产业的经济效益呈现稳步上升趋势,近 5 年的平均效益为 57.75 亿元。

6.3.3　社会效益

6.3.3.1　旅游休闲

城乡供水系统多维度效益 2016—2020 年旅游休闲效益见表 6.3-3。

表 6.3-3　城乡供水系统多维度效益 2016—2020 年旅游休闲效益

年份	效益/亿元
2016 年	1.41
2017 年	2.13
2018 年	3.34
2019 年	4.12
2020 年	4.37
平均值	3.07

6.3.3.2　科研教育

城乡供水系统多维度效益 2016—2020 年科研教育效益见表 6.3-4。

表 6.3-4　城乡供水系统多维度效益 2016—2020 年科研教育效益

年份	论文篇数	效益/亿元
2016 年	17	0.02
2017 年	27	0.02
2018 年	30	0.05
2019 年	36	0.03
2020 年	46	0.02
平均值	—	0.03

6.3.3.3　文化传承

城乡供水系统多维度效益 2016—2020 年文化传承效益见表 6.3-5。

表 6.3-5　城乡供水系统多维度效益 2016—2020 年文化传承效益

年份	效益/亿元
2016 年	2.37
2017 年	2.39
2018 年	2.39
2019 年	2.40
2020 年	2.41
平均值	2.39

由表 6.3-3~表 6.3-5 可知,2016—2020 年城乡供水系统旅游休闲的经济效益呈现逐年上升的趋势,近 5 年的平均效益为 3.07 亿元;科研教育的经济效益总体呈现稳定波动趋势,近 5 年的平均效益为 0.03 亿元;文化传承的经济效益呈现稳步上升趋势,近 5 年的平均效益为 2.39 亿元。

6.3.4　生态效益

6.3.4.1　水资源贮存

城乡供水系统 2016—2020 年水资源贮存效益见表 6.3-6。

表 6.3-6　城乡供水系统 2016—2020 年水资源贮存效益

项目	2016 年	2017 年	2018 年	2019 年	2020 年	平均
地表水资源量/万 m³	1 139.00	1 340.87	1 374.86	1 509.61	1 565.78	1 386.02
单位库容单价/(元/m³)	6.11	6.11	6.11	6.11	6.11	6.11
水资源贮存价值/万元	6 959.29	8 192.72	8 400.39	9 223.72	9 566.92	8 468.61

6.3.4.2　水质净化

城乡供水系统 2016—2020 年水质净化效益见表 6.3-7。

表 6.3-7　城乡供水系统 2016—2020 年水质净化效益

项目	2016 年	2017 年	2018 年	2019 年	2020 年	平均
$N-NH_3$/万 t	0	0	0	0.01	0.01	0.004
COD/万 t	0.04	0.05	0.05	0.06	0.07	0.054
净化 $N-NH_3$ 价值/万元	76.92	99.36	121.79	137.82	166.67	120.51
净化 COD/万元	1 440.38	1 727.56	1 916.03	2 113.46	2 297.44	1 898.97
水质净化总价值/万元	1 517.30	1 826.92	2 037.82	2 251.28	2 464.11	2 019.48

6.3.4.3　空气净化

城乡供水系统 2016—2020 年空气净化效益见表 6.3-8。

表 6.3-8　城乡供水系统 2016—2020 年空气净化效益

年份	S/hm²	C3/亿元
2016 年	70	0.007 2
2017 年	86	0.008 7
2018 年	104	0.010 6
2019 年	134	0.013 7
2020 年	156	0.015 9

6.3.4.4　固碳释氧

城乡供水系统 2016—2020 年固碳释氧效益见表 6.3-9。

表 6.3-9　城乡供水系统 2016—2020 年固碳释氧效益

年份	S1/hm²	S2/hm²	C4-1/亿元	C4-2/亿元	C4/亿元
2016 年	70	11	0.066 6	0.077 0	0.143 4
2017 年	86	244	0.081 3	0.093 4	0.175 4
2018 年	104	528	0.098 6	0.113 3	0.212 7
2019 年	134	987	0.128 0	0.147 1	0.274 8
2020 年	156	1 174	0.152 3	0.175 0	0.307 5

6.3.4.5　防止土壤侵蚀

城乡供水系统 2016—2020 年防止土壤侵蚀效益见表 6.3-10。

表 6.3-10　城乡供水系统 2016—2020 年防止土壤侵蚀效益

年份	M/t	C5/亿元
2016 年	776	2.93×10^{-7}
2017 年	948	3.59×10^{-7}
2018 年	1 149	4.36×10^{-7}
2019 年	1 484	5.62×10^{-7}
2020 年	1 722	6.17×10^{-7}

6.3.4.6　气候调节

城乡供水系统 2016—2020 年气候调节效益见表 6.3-11。

表 6.3-11　城乡供水系统 2016—2020 年气候调节效益

年份	C6-1/亿元	C6-2/亿元	C6-3/亿元	C6/亿元
2016 年	0.571 8	11.470 7	0.007 8	12.050 2
2017 年	0.698 8	12.876 3	0.003 5	13.578 7
2018 年	0.847 0	10.606 2	0.011 0	11.464 1
2019 年	1.094 1	10.964 9	0.002 6	12.061 6
2020 年	1.225 4	12.280 7	0.002 9	13.509 0

6.3.4.7　水源涵养

城乡供水系统 2016—2020 年水源涵养效益见表 6.3-12。

表 6.3-12　城乡供水系统 2016—2020 年水源涵养效益

年份	C7-1/亿元	C7-2/亿元	C7/亿元
2016 年	0.004 9	1.062 4	1.067 4
2017 年	0.020 2	0.479 2	0.499 4
2018 年	0.038 7	1.500 4	1.539 0
2019 年	0.068 6	0.350 8	0.419 4
2020 年	0.076 9	0.392 9	0.469 8

6.3.4.8　减少噪声

城乡供水系统 2016—2020 年减少噪声效益见表 6.3-13。

表 6.3-13　城乡供水系统 2016—2020 年减少噪声效益

年份	S1/hm^2	S2/hm^2	C8/亿元
2016 年	64	10	0.002 1
2017 年	78	221	0.008 6
2018 年	94	478	0.016 5
2019 年	122	895	0.029 3
2020 年	136	1 002	0.032 8

6.3.4.9　维持生物多样性

城乡供水系统 2016—2020 年维持生物多样性效益见表 6.3-14。

表 6.3-14　城乡供水系统 2016—2020 年维持生物多样性效益

年份	S1/hm²	S2/hm²	S3/hm²	C9/亿元
2016 年	64	10	549	0.013 3
2017 年	78	221	549	0.015 6
2018 年	94	478	549	0.018 4
2019 年	122	895	549	0.022 8
2020 年	142	1 044	641	0.026 6

6.3.4.10　维持养分循环

城乡供水系统 2016—2020 年维持养分循环效益见表 6.3-15。

表 6.3-15　城乡供水系统 2016—2020 年维持养分循环效益

年份	M1/t	M2/t	M3/t	C10/亿元
2016 年	68.41	36.60	17.66	0.000 5
2017 年	76.23	41.27	19.90	0.000 6
2018 年	85.67	46.45	21.92	0.000 7
2019 年	97.84	52.52	26.37	0.000 8
2020 年	114.18	61.29	30.77	0.000 9

6.3.4.11　控制降落漏斗

城乡供水系统 2016—2020 年控制降落漏斗效益见表 6.3-16。

表 6.3-16　城乡供水系统 2016—2020 年控制降落漏斗效益

年份	Q_s/亿 m³	C11/亿元
2016 年	0.83	1.233 9
2017 年	0.82	1.222 3
2018 年	0.57	0.849 8
2019 年	0.99	1.466 7
2020 年	1.16	1.71

6.3.4.12　生物栖息地

城乡供水系统 2016—2020 年生物栖息地效益见表 6.3-17。

表 6.3-17　城乡供水系统 2016—2020 年生物栖息地效益

年份	G12/亿元
2016 年	0.549
2017 年	0.549
2018 年	0.538
2019 年	0.549
2020 年	0.560

6.3.5　总效益

太阳山供水工程城乡供水系统的多维度效益评价结果见表 6.3-18。

表 6.3-18　太阳山供水工程城乡供水系统的多维度效益评价结果

指标体系	指标名称	多维度效益值/亿元					
		2016 年	2017 年	2018 年	2019 年	2020 年	平均
经济效益	第一产业	24.9	24.65	22.08	21.19	20.31	22.63
	第二产业	121.58	132.66	145.34	155.28	173.17	145.61
	第三产业	48.05	51.6	57.91	64.28	66.92	57.75
	合计	194.53	208.91	225.33	240.75	260.40	—
社会效益	旅游休闲	1.41	2.13	3.34	4.12	4.37	3.07
	科研教育	0.02	0.02	0.05	0.03	0.02	0.03
	文化传承	2.37	2.39	2.39	2.4	2.41	2.39
	合计	3.80	4.54	5.78	6.55	6.80	—
生态效益	水资源贮存	0.695 9	0.819 3	0.840 0	0.922 4	0.956 7	0.85
	水质净化总价值	0.151 7	0.182 7	0.203 8	0.225 1	0.246 4	0.20
	空气净化	0.007 2	0.008 7	0.010 6	0.013 7	0.015 9	0.01
	固碳释氧	0.143 6	0.174 7	0.211 9	0.275 5	0.307 5	0.22
	防止土壤侵蚀	<0.001	<0.001	<0.001	<0.001	<0.001	<0.001
	气候调节	12.050 3	13.578 6	11.464 2	12.061 6	13.509	12.53
	水源涵养	1.067 3	0.499 4	1.539 1	0.419 4	0.469 8	0.80
	减少噪声	0.002 1	0.008 6	0.016 5	0.029 3	0.032 8	0.02
	维持生物多样性	0.013 3	0.015 6	0.018 4	0.022 8	0.026 6	0.02
	维持养分循环	0.000 5	0.000 6	0.000 7	0.000 8	0.000 9	0.000 7
	控制降落漏斗	1.233 9	1.222 3	0.849 8	1.466 7	1.71	1.30
	生物栖息地	0.549	0.549	0.538	0.549	0.56	0.55
	合计	15.91	17.06	15.69	15.99	17.84	—
总计		214.24	230.51	246.80	263.29	285.04	—

太阳山供水工程城乡供水系统的多维度效益总效益变化见图 6.3-1,太阳山供水工程城乡供水系统的多维度效益分项效益变化见图 6.3-2。

由图 6.3-1 和图 6.3-2 可以看出,太阳山供水工程城乡供水系统多维度效益价值在 2016—2020 年呈持续稳步上升趋势,表明太阳山供水工程给受水区带来了显著的经济效益、社会效益以及生态效益。其中,经济效益呈显著持续上升趋势,说明太阳山供水工程

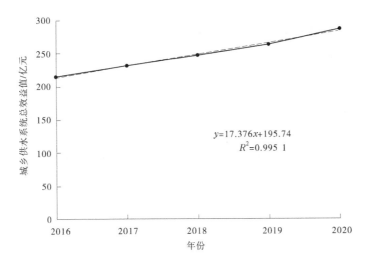

图 6.3-1　太阳山供水工程城乡供水系统的多维度效益总效益变化

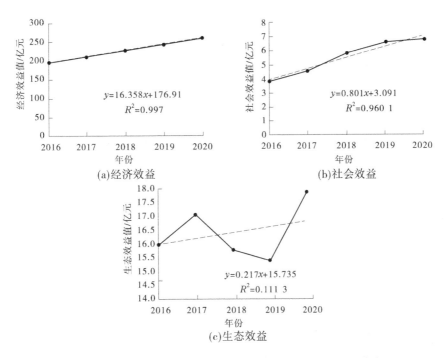

图 6.3-2　太阳山供水工程城乡供水系统的多维度效益分项效益变化

对受水区城乡经济社会发展而言在供水方面具有极其显著的作用;社会效益呈逐步增加的变化趋势,说明太阳山供水工程在支撑受水区社会发展所产生的效益总体呈现增长的趋势;生态效益增幅呈先增加再减小最后再上升的趋势,表明调节效益在太阳山供水工程通水初期较高,随时间增长幅度呈现逐渐趋于减小的趋势。

6.4　城乡供水系统多维度效益评价指标体系优化

评价指标体系优化可根据各指标在太阳山供水工程城乡供水系统多维度效益贡献率将指标分为核心指标、辅助指标和参考指标。

通过计算太阳山供水工程城乡供水系统 2016—2020 年各指标的贡献率并取平均,得到多维度效益贡献率,见表 6.4-1。

表 6.4-1　太阳山供水工程城乡供水系统多维度效益指标贡献率

指标体系	指标名称	多维度效益指标贡献率/%					平均值/%
		2016 年	2017 年	2018 年	2019 年	2020 年	
经济效益	第一产业	11.62	10.69	8.94	8.07	7.13	9.29
	第二产业	56.75	57.55	58.88	59.12	60.75	58.61
	第三产业	22.43	22.39	23.46	24.47	23.48	23.25
社会效益	旅游休闲	0.66	0.92	1.35	1.57	1.53	1.21
	科研教育	0.01	0.01	0.02	0.01	0.01	0.01
	文化传承	1.11	1.04	0.97	0.91	0.85	0.98
生态效益	水资源贮存	0.32	0.36	0.37	0.12	0.34	0.30
	水质净化总价值	0.07	0.08	0.08	0.09	0.09	0.08
	空气净化	0.00	0.00	0.00	0.01	0.01	0.00
	固碳释氧	0.07	0.08	0.09	0.10	0.11	0.09
	防止土壤侵蚀	<0.01	<0.01	<0.01	<0.01	<0.01	0.00
	气候调节	5.62	5.89	4.64	4.59	4.74	5.10
	水源涵养	0.50	0.22	0.62	0.16	0.16	0.33
	减少噪声	0.00	0.00	0.01	0.01	0.01	0.01
	维持生物多样性	0.01	0.01	0.01	0.01	0.01	0.01
	维持养分循环	0.00	0.00	0.00	0.00	0.00	0.00
	控制降落漏斗	0.58	0.53	0.34	0.56	0.60	0.52
	生物栖息地	0.26	0.24	0.22	0.21	0.20	0.23

太阳山供水工程城乡供水系统多维度效益贡献率占比见图 6.4-1。

将各指标平均贡献率按大小完成排序,根据平均贡献率进行分类,依次分为核心指标(平均贡献率 5% 以上)、辅助指标(平均贡献率 1%~5%)和参考指标(平均贡献率 0%~1%),详见表 6.4-2。

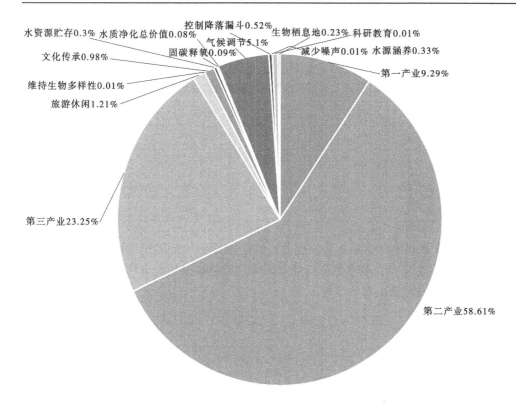

图 6.4-1　太阳山供水工程城乡供水系统多维度效益贡献率占比

表 6.4-2　太阳山供水工程城乡供水系统多维度效益指标分类

序号	指标分类	指标名称	贡献率/%
1	核心指标(5%以上)	第一产业	9.29
		第二产业	58.61
		第三产业	23.25
		气候调节	5.1
2	辅助指标(1%~5%)	旅游休闲	1.21
		文化传承	0.98
3	参考指标(0%~1%)	控制降落漏斗	0.52
		水源涵养	0.33
		水资源贮存	0.3
		生物栖息地	0.23
		固碳释氧	0.09
		水质净化总价值	0.08
		科研教育	0.01
		维持生物多样性	0.01
		减少噪声	0.01
		空气净化	<0.01
		维持养分循环	<0.01
		防止土壤侵蚀	<0.01

6.4.1　核心指标

将各类指标平均贡献率大于 5% 的指标选定为核心指标,具体见表 6.4-3。

表 6.4-3　太阳山供水工程城乡供水系统多维度效益核心指标贡献率　　　　%

核心指标		2016 年	2017 年	2018 年	2019 年	2020 年
经济效益	第一产业	11.62	10.69	8.94	8.07	7.13
	第二产业	56.75	57.55	58.88	59.12	60.75
	第三产业	22.43	22.39	23.46	24.47	23.48
生态效益	气候调节	5.62	5.89	4.64	4.59	4.74

太阳山供水工程城乡供水系统多维度效益核心指标历年贡献率变化见图 6.4-2。从图 6.4-2 中可以看出,第二产业和第三产业指标贡献率整体呈现上升趋势,气候调节和第一产业指标贡献率呈现稳定波动趋势。

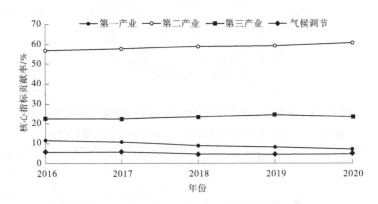

图 6.4-2　太阳山供水工程城乡供水系统多维度效益核心指标历年贡献率变化

6.4.2　辅助指标

将各类指标贡献率在 1%~5% 的指标选定为辅助指标,具体见表 6.4-4。

表 6.4-4　太阳山供水工程城乡供水系统多维度效益辅助指标贡献率　　　　%

辅助指标		2016 年	2017 年	2018 年	2019 年	2020 年
社会效益	旅游休闲	0.66	0.92	1.35	1.57	1.53
	文化传承	1.11	1.04	0.97	0.91	0.85

太阳山供水工程城乡供水系统多维度效益辅助指标历年贡献率变化见图 6.4-3。从图 6.4-3 中可以看出,旅游休闲指标贡献率呈逐年上升趋势,文化传承指标贡献率呈逐年下降趋势。

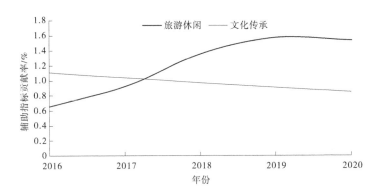

图 6.4-3　太阳山供水工程城乡供水系统多维度效益辅助指标历年贡献率变化

6.4.3　参考指标

将各类指标贡献率在 0%~1% 的指标选定为参考指标,具体见表 6.4-5。

表 6.4-5　太阳山供水工程城乡供水系统多维度参考效益指标贡献率　　　　%

参考指标		2016 年	2017 年	2018 年	2019 年	2020 年
社会效益	科研教育	0.01	0.01	0.02	0.01	0.01
生态效益	水资源贮存	0.32	0.36	0.37	0.12	0.34
	水质净化总价值	0.07	0.08	0.08	0.09	0.09
	空气净化	0.00	0.00	0.00	0.01	0.01
	固碳释氧	0.07	0.08	0.09	0.10	0.11
	防止土壤侵蚀	<0.01	<0.01	<0.01	<0.01	<0.01
	水源涵养	0.50	0.22	0.62	0.16	0.16
	减少噪声	<0.01	<0.01	0.01	0.01	0.01
	维持生物多样性	0.01	0.01	0.01	0.01	0.01
	维持养分循环	<0.01	<0.01	<0.01	<0.01	<0.01
	控制降落漏斗	0.58	0.53	0.34	0.56	0.60
	生物栖息地	0.26	0.24	0.22	0.21	0.20

太阳山供水工程城乡供水系统多维度效益参考指标历年贡献率变化见图 6.4-4。从图 6.4-4 中可以看出,太阳山供水工程城乡供水系统多维度效益参考指标各项指标均呈波动上升的趋势,但上升趋势不显著。

6.4.4　指标优化结果

根据以上优化步骤,本项目根据各项指标占比,删除维持防止土壤侵蚀(贡献率<0.01%)、维持养分循环(贡献率<0.01%)这两项占比较小的指标,太阳山供水工程城乡

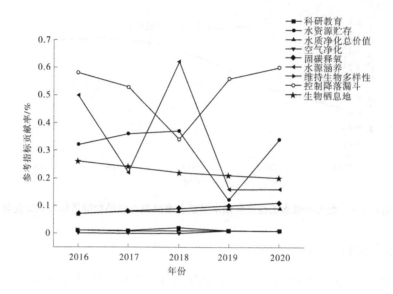

图 6.4-4 太阳山供水工程城乡供水系统多维度效益参考指标历年贡献率变化

供水系统多维度效益指标优化如表 6.4-6 所示。

表 6.4-6 太阳山供水工程城乡供水系统多维度效益指标优化表

序号	指标分类	指标名称	贡献率/%
1	核心指标(5%以上)	第一产业	9.29
		第二产业	58.61
		第三产业	23.25
		气候调节	5.1
2	辅助指标(1%~5%)	旅游休闲	1.21
		文化传承	0.98
3	参考指标(0%~1%)	控制降落漏斗	0.52
		水源涵养	0.33
		水资源贮存	0.3
		生物栖息地	0.23
		固碳释氧	0.09
		水质净化总价值	0.08
		科研教育	0.01
		维持生物多样性	0.01
		减少噪声	0.01
		空气净化	0.01

　　由表6.4-6可知,优化后的太阳山供水工程城乡供水系统多维度效益指标体系中,第一产业、第二产业、第三产业、气候调节属于核心指标;旅游休闲、文化传承属于辅助指标;控制降落漏斗、水源涵养、水资源贮存、生物栖息地、固碳释氧、水质净化总价值、科研教育、维持生物多样性、减少噪声、空气净化属于参考指标。

第7章 区域水土资源系统多维度效益评价

7.1 区域水土资源系统研究范围

本次太阳山供水工程区域水土资源系统多维度效益评价主要为工程受水区绿化景观、城市、河流、湿地等的水土资源系统的效益。太阳山供水工程受水区属典型的中温带大陆性季风气候，少雨多风，气候干燥，蒸发强烈，水资源稀缺，生态脆弱。境内多年平均降水量 296.4 mm，降水年内年际变化很大，有的年份只有 160 mm，且 7 月、8 月、9 月的降水量约占全年降水量的 62%，降水分布自东南向西北减少；多年平均蒸发量高达 2 095.0~2 179.8 mm，为降水量的 6~7 倍。受水区涉及地貌类型属鄂尔多斯西部，南高北低，海拔 1 300~1 951 m，高差达 651 m，大部分地区地形平缓，表现为微波起伏平原，相对高差 20~50 m。县内有中部干旱台地丘陵区和黄土丘陵区两大地貌类型，以惠安堡杜记沟、狼布掌和大水坑摆宴井、马儿沟、关记沟，以及红井子李伏渠、二道沟等一线为界，此线以南为黄土丘陵区，海拔一般为 1 600~1 800 m，最高 1 951 m，下分黄土残塬地、梁峁坡地、沟台地类型。该线以北为中部干旱台地丘陵区，由于侵蚀严重，地面多以缓坡丘陵出现，下分丘陵坡地、丘陵间滩地、平台地、盐湖洼地、沙丘沙地。受水区主要涉及苦水河流域、盐池内流流域、泾河流域以及黄河右岸诸沟，境内河流主要有苦水河、马莲河以及苦水河一级支流小河等。

7.2 区域水土资源系统多维度效益评价方法

7.2.1 区域水土资源系统多维度效益评价指标体系

结合区域水土资源系统多维度效益的特征，基于 MA 理论与方法，将河流生态系统服务效益划分为经济效益、社会效益、生态效益 3 大类。因此，构建的太阳山供水工程区域水土资源系统多维度效益评价指标体系见表 7.2-1。

7.2.2 区域水土资源系统多维度效益评价方法

基于太阳山供水工程的特点和受水区域的复杂性，本项目采用价值量评估方法，对太阳山供水工程区域水土资源系统服务效益进行评估。拟采用市场价值法、替代工程法、影子价格法、替代成本法、旅行费用法、条件价值法等方法进行计算，如表 7.2-2 所示。

表 7.2-1　区域水土资源系统多维度效益评价指标体系

评价内容	准则	指标	参数/数据来源
太阳山供水工程区域水土资源系统多维度效益评价	经济效益	水资源	市场水价,用水量/用水相关文献资料,官方网站等
		固碳释氧	林草 CO_2 固定量,O_2 释放量,国内碳汇交易价格/中国碳排放交易网,国家林业局《森林生态系统服务功能评估规范》(LY/T 1721—2008),《小流域生态系统服务功能价值估算方法》
	生态效益	净化空气	年吸收 SO_2 量,年吸收粉尘量,年吸收氟化物量/《小流域生态系统服务功能价值估算方法》《中国森林生态系统服务功能价值评估》
		水源涵养	水库工程造价/《京冀水源涵养林生态效益计量研究——基于森林生态系统服务价值理论》
		调节气候	调节气候的影子价格/《地表水生态系统服务功能评估方法研究——以兰州市为例》《南水北调东线一期工程受水区生态环境效益》
		防止土壤侵蚀	土壤容重,土壤平均厚度/《中国陆地地表水生态系统服务功能及其生态经济价值评估》
		保持土壤肥力	防止土壤养分流失的能力/化肥平均价格/《生态系统服务功能及其生态经济价值评估》
		防风固沙	土壤保持量,土壤容重/《黄土高原土壤保持生态系统服务功能价值估算及时空变化研究》
		维持养分循环	林草地生产力,干物质中氮磷钾含量/我国净第一性生产力,《中国植被地理及优势植物化学成分》
		维持生物多样性	生物多样性维持价值/《中国陆地地表水生态系统服务功能及其生态经济价值评估》
	社会效益	旅游休闲	调查对象每次去湖库游玩/野炊花费,调查对象每年去的次数,人口/《统计年鉴》《小流域生态系统服务功能价值估算方法》等
		文化传承	个人平均文化传承支付意愿/问卷调查,《统计年鉴》等
		教育科研	核心文献篇数,SCI 文献篇数,硕士篇数,博士论文篇数/知网统计

表 7.2-2　区域水土资源系统多维度效益评价方法

功能	评估指标	评估方法
社会效益	旅游休闲	旅行费用法
	科研教育	费用分析法
	文化传承	条件价值法
生态效益	空气净化	替代成本法
	固碳释氧	影子价格法
	防止土壤侵蚀	影子价格法
	保持土壤肥力	影子价格法
	气候调节	替代成本法
	水源涵养	替代工程法
	减少噪声	替代工程法
	维持生物多样性	影子价格法
	维持养分循环	影子价格法

7.3　区域水土资源系统多维度效益评价

7.3.1　社会效益

区域水土资源系统多维度效益的社会效益主要包括休闲旅游、科研教育价值和文化传承 3 个方面的效益。

7.3.1.1　休闲旅游

区域水土资源系统多维度效益旅游休闲价值见表 7.3-1。

表 7.3-1　区域水土资源系统多维度效益旅游休闲价值

项目	2016 年	2017 年	2018 年	2019 年	2020 年
旅游休闲价值/亿元	1.41	2.13	3.34	4.12	4.37

7.3.1.2　科研教育价值

区域水土资源系统多维度效益科研教育价值见表 7.3-2。

表 7.3-2　区域水土资源系统多维度效益科研教育价值

项目	2016 年	2017 年	2018 年	2019 年	2020 年
核心文献篇数	17	26	28	32	39
SCI 文献篇数	0	1	1	3	5
硕士论文篇数	0	0	1	1	2
博士论文篇数	0	0	0	0	0
核心文献科研价值/万元	236.02	141.61	424.83	283.22	70.80
SCI 文献科研价值/万元	0	11.50	11.50	34.50	57.50
硕士论文科研价值/万元	0	0	15.50	15.50	31.00
博士论文科研价值/万元	0	0	0	0	0
科研教育价值/万元	0.02	0.02	0.05	0.03	0.02

7.3.1.3　文化传承

区域水土资源系统多维度效益文化传承价值见表 7.3-3。

表 7.3-3　区域水土资源系统多维度效益文化传承价值

年份	人口/万人	总价值/亿元
2016 年	17.29	2.37
2017 年	17.64	2.39
2018 年	17.95	2.39
2019 年	18.12	2.4
2020 年	18.33	2.41

7.3.2　生态效益

区域水土资源系统多维度效益的生态效益主要包括空气净化、固碳释氧、防止土壤侵蚀、保持土壤肥力、气候调节水、水源涵养、减少噪声、维持生物多样性以及维持养分循环等方面的效益。

7.3.2.1　空气净化

区域水土资源系统林草等植被净化空气的价值主要是通过植物吸收空气中的 SO_2、粉尘、氟化物和消除噪声污染等。具体到太阳山供水工程受水区,区段距离市民居住区较近,考虑消除噪声价值;村落段离居住区较远,不考虑消除噪声价值;只考虑大气污染方面。水土保持林年吸收 SO_2 量为 0.59 t/hm^2,年吸收粉尘量为 2.1 t/hm^2,阔叶林年吸收氟化物量为 4.65 t/hm^2,针叶林年吸收氟化物量为 0.5 t/hm^2。去除 SO_2、粉尘、氟化物的成本分别是 600 元/t、560 元/t、160 元/t。

备注:《中国森林资源核算研究》(中国林业出版社)、《丹江口库区水土保持的生态服务功能估算研究》《小流域生态系统服务功能价值估算方法》《中国森林生态系统服务功能价值评估》。区域水土资源系统多维度效益空气净化价值见表 7.3-4。

表 7.3-4　区域水土资源系统多维度效益空气净化价值　　　　单位:亿元

位置	城镇段	村落段	水域段	节点段	总价值
价值	0.051 5	0.053 5	0.129 2	0.033 9	0.268 1

7.3.2.2　固碳释氧

区域水土资源系统水土保持林草每年 CO_2 固定量为 3.297 t/hm²,O_2 释放量为 2.589 t/hm²;国内碳汇交易价格一般为 85 元/t,工业制氧成本为 1 000 元/t。

备注:碳汇价格参考 2020 年 9 月中国七大碳交易市场行情 K 线走势图,取 7 个地区的平均值;工业制氧成本参考:国家林业局《森林生态系统服务功能评估规范》(LY/T 1721—2008)。区域水土资源系统多维度效益固碳释氧价值见表 7.3-5。

表 7.3-5　区域水土资源系统多维度效益固碳释氧价值　　　　单位:亿元

位置	城镇段	村落段	水域段	节点段	总价值
价值	0.064 9	0.067 5	0.163 0	0.042 8	0.338 2

7.3.2.3　防止土壤侵蚀

区域水土资源系统防止土壤侵蚀功能的价值计算可采用影子价格法,参考《中国陆地地表水生态系统服务功能及其生态经济价值评价》《小流域生态系统服务功能价值估算方法》,土壤容重取 1.39 t/m³;单位面积林草地每年防止土壤侵蚀的能力,取值为 11.11 t/hm²;根据土壤侵蚀量和土层耕作层的平均厚度来推算土地减少面积,取受水区耕作土壤平均厚度 0.5 m 作为水土保持林草的厚度,计算出每年可能保持的土壤面积 S（hm²),农用地的平均收益取 $S_6 = 1$ 万元/(hm²·a)。

区域水土资源系统多维度效益防止土壤侵蚀价值见表 7.3-6。

表 7.3-6　区域水土资源系统多维度效益防止土壤侵蚀价值　　　　单位:亿元

位置	城镇段	村落段	水域段	节点	总价值
价值	0.361 8	0.376 3	0.908 4	0.238 6	1.885 1

7.3.2.4　保持土壤肥力

区域水土资源系统内水土流失会造成土壤里的养分大量流失,要保持土壤养分不变,就必须通过增施化肥来保持,因此可通过增施化肥的市场价格来估算保持土壤肥力的价值,具体模型如下:可通过影子价格法测算出流域林草地保持土壤肥力的能力。参考相关文献,单位面积林草地每年防止土壤养分流失的能力,取 447.23 kg/hm²;土壤养分的影子价格,取化肥价格 2 549 元/t。区域水土资源系统多维度效益保持土壤肥力价值见表 7.3-7。

表 7.3-7　区域水土资源系统多维度效益保持土壤肥力价值　　　　单位:亿元

位置	城镇段	村落段	水域段	节点段	总价值
价值	0.027 5	0.028 6	0.069 1	0.018 2	0.143 4

7.3.2.5　气候调节

区域水土资源系统内水土保持林草等植被调节气候的效应最明显的表现是降温和增湿两方面。国内外研究表明,绿化能使局地降温 3~5 ℃,最大可降低 12 ℃,增加相对湿度 3%~12%,最大可增加 33%。调节气候价值可通过影子价格法测算,参考《地表水生态系统服务价值评估方法研究——以兰州市为例》《南水北调东线一期工程受水区生态环境效益评估》《京冀水源涵养林生态效益计量研究——基于森林生态系统服务价值理论》,区域水土资源系统内的绿地系统气候调节的影子价格取 1 709 元/hm²。区域水土资源系统多维度效益气候调节价值见表 7.3-8。

表 7.3-8　区域水土资源系统多维度效益气候调节价值　　　　单位:亿元

位置	城镇段	村落段	水域段	节点段	总价值
价值	0.039 9	0.041 5	0.100 1	0.026 3	0.207 8

7.3.2.6　水源涵养

区域水土资源系统内水土保持林草等植被可以有效拦蓄降水,促进地表水入渗形成地下水,从而起到补充地下水,涵养水源的作用,涵养水源的价值可通过市场价值法测算,由林草等植被面积和单位林草地的水源涵养能力得出质量,再乘以影子工程成本,参考《京冀水源涵养林生态效益计量研究——基于森林生态系统服务价值理论》《托木尔峰自然保护区不同生态系统水源涵养价值评估》,单位面积林地每年的水源涵养能力,取 1 105 m³/hm²,单位库容造价 6.7 元/m³。区域水土资源系统多维度效益水源涵养价值见表 7.3-9。

表 7.3-9　区域水土资源系统多维度效益水源涵养价值　　　　单位:亿元

位置	城镇段	村落段	水域段	节点段	总价值
价值	0.259 1	0.269 6	0.650 7	0.170 9	1.350 3

7.3.2.7　减少噪声

区域水土资源系统内减少噪声是采用水土资源系统中的林地、花坛绿篱、灌木草坪等对噪声的消减作用。减少噪声采用替代工程法进行计算,

区域水土资源系统多维度效益减少噪声价值见表 7.3-10。

表 7.3-10　区域水土资源系统多维度效益减少噪声价值　　　　单位:亿元

位置	城镇段	村落段	水域段	节点段	总价值
价值	0.065 2	0.067 8	0.163 7	0.043 0	0.339 7

7.3.2.8　防风固沙

由于降水侵蚀造成地表土壤随着地表径流最终淤积于湖泊及水库等,造成水库的死库容增大、兴利库容减小,从而降低水库的防洪及蓄水功能。据《中国水利年鉴(1990)》数据显示,按照我国主要流域的泥沙运动规律,我国土壤侵蚀流失的泥沙有24%淤积于水库、江河、湖泊。区域水土资源系统多维度效益防风固沙价值见表 7.3-11。

表 7.3-11   区域水土资源系统多维度效益防风固沙价值　　　　单位:亿元

位置	城镇段	村落段	水域段	节点段	总价值
价值	0.348 7	0.362 7	0.875 6	0.230 0	1.817 0

7.3.2.9   维持生物多样性

根据 Costanza、谢高地等人的研究成果,区域水土资源系统内森林、草地提供栖息地或避难所这一服务功能的年生态效益为 8 855 元/hm² 和 7 425 元/hm²。区域水土资源系统多维度效益维持生物多样性价值见表 7.3-12。

表 7.3-12   区域水土资源系统多维度效益维持生物多样性价值　　　　单位:亿元

位置	城镇段	村落段	水域段	节点段	总价值
价值	0.168 0	0.174 8	0.421 9	0.110 8	0.875 6

7.3.2.10   维持养分循环

选取太阳山供水工程受水区区域水土资源系统内林地、草地生产的干物质中营养物质氮磷钾积累量来反映此项功能,通过采用影子价格法将干物质中的氮磷钾量折合成化肥的价值,可估算出林地、草地生态系统养分循环的经济价值。区域水土资源系统多维度效益维持养分循环价值见表 7.3-13。

表 7.3-13   区域水土资源系统多维度效益维持养分循环价值　　　　单位:亿元

位置	城镇段	村落段	水域段	节点段	总价值
价值	0.014 6	0.015 2	0.036 6	0.009 6	0.076 0

7.3.3   区域水土资源系统多维度效益总效益

将上述指标综合计算得出太阳山供水工程受水区区域水土资源系统多维度效益总价值见表 7.3-14。

表 7.3-14   受水区区域水土资源系统多维度效益总价值　　　　单位:亿元

指标	城镇段	村落段	水域段	节点段	总效益
空气净化	0.051 5	0.053 5	0.129 2	0.033 9	0.268 1
固碳释氧	0.064 9	0.067 5	0.163 0	0.042 8	0.338 2
防止土壤侵蚀	0.361 8	0.376 3	0.908 4	0.238 6	1.885 1
保持土壤肥力	0.027 5	0.028 6	0.069 1	0.018 2	0.143 4
气候调节	0.039 9	0.041 5	0.100 1	0.026 3	0.207 8
水源涵养	0.259 1	0.269 6	0.650 7	0.170 9	1.350 3
减少噪声	0.065 2	0.067 8	0.163 7	0.043 0	0.339 7

续表 7.3-14

指标	城镇段	村落段	水域段	节点段	总效益
防风固沙	0.348 7	0.362 7	0.875 6	0.230 0	1.817 0
维持生物多样性	0.168 0	0.174 8	0.421 9	0.110 8	0.875 5
维持养分循环	0.014 6	0.015 2	0.036 6	0.009 6	0.076 0
旅游休闲	—	—	—	—	4.37
科研教育	—	—	—	—	0.02
文化传承	—	—	—	—	2.41
区域水土资源系统多维度效益总量	—	—	—	—	14.10

注:因休闲旅游、科研价值、文化传承难以按区域水土资源系统空间尺度划分,故本表只计算总效益。

受水区区域水土资源系统多维度效益总量见图 7.3-1。受水区区域不同位置水土资源多维度效益见图 7.3-2。

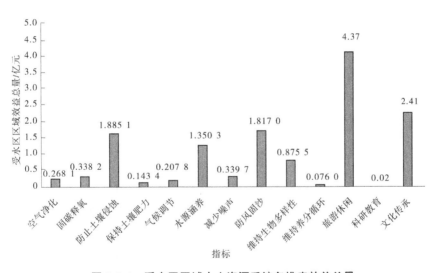

图 7.3-1　受水区区域水土资源系统多维度效益总量

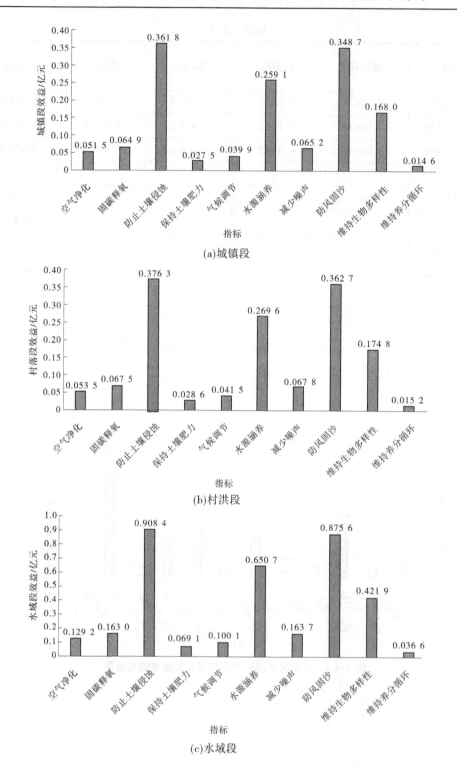

(a)城镇段

(b)村洪段

(c)水域段

图 7.3-2 受水区区域不同位置水土资源系统多维度效益

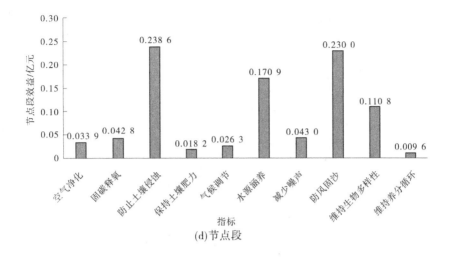

(d)节点段

续图 7.3-2

由图 7.3-1 可知,受水区区域水土资源系统多维度效益总量中,休闲旅游的效益占比最大,其次是文化传承、防风固沙、防止土壤侵蚀、水源涵养,说明太阳山供水工程对受水区的休闲旅游、文化传承、防风固沙、防止土壤侵蚀、水源涵养效益显著。

由图 7.3-2 可知,供水后太阳山供水工程受水区区域水土资源系统多维度效益在城镇段、村落段、水域段、节点段 4 个位置,休闲旅游的效益占比最大,其次是文化传承、防风固沙、防止土壤侵蚀、水源涵养,说明太阳山供水工程对受水区的休闲旅游、文化传承、防风固沙、防止土壤侵蚀、水源涵养改善效益显著。

7.4　区域水土资源系统多维度效益评价指标体系优化

太阳山供水工程受水区区域水土资源系统多维度效益各评价指标效益占比如图 7.4-1 所示。由图 7.4-1 可知,各评价指标效益所占比重差异较大,区域水土资源系统效益主要为防风固沙、防止土壤侵蚀、水源涵养等。为科学评价生态系统环境效益,将评价指标分为核心指标、辅助指标和参考指标 3 大类。

供水工程受水区区域水土资源系统多维度效益指标贡献率见表 7.4-1。

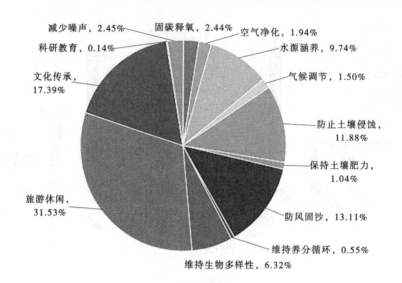

图 7.4-1　供水工程受水区区域水土资源系统多维度效益占比

表 7.4-1　供水工程受水区区域水土资源系统多维度效益指标贡献率

评价内容	准则	指标	贡献率/%
太阳山供水工程区域水土资源系统多维度效益	生态效益	固碳释氧	2.44
		空气净化	1.94
		水源涵养	9.74
		气候调节	1.50
		防止土壤侵蚀	11.88
		保持土壤肥力	1.04
		防风固沙	13.11
		减少噪声	2.45
		维持养分循环	0.55
		维持生物多样性	6.32
	社会效益	旅游休闲	31.53
		文化传承	17.39
		科研教育	0.14

　　由图 7.4-1 可知,供水后太阳山供水工程受水区区域水土资源系统多维度效益指标体系在休闲旅游、文化传承以及防风固沙等方面效益显著,这表明太阳山供水工程对受水区的经济社会发展以及生态环境修复改善效益显著。

7.4.1　核心指标

将各类指标平均占比大于总值5%的指标选定为核心指标,具体见表7.4-2。

表 7.4-2　区域水土资源系统多维度效益核心指标

功能	评价指标	占比/%
社会效益	旅游休闲	31.53
	文化传承	17.39
生态效益	防止土壤侵蚀	11.88
	水源涵养	9.74
	防风固沙	13.11
	维持生物多样性	6.32

7.4.2　辅助指标

将各类指标占比在总值1%~5%的指标选定为辅助指标,具体见表7.4-3。

表 7.4-3　区域水土资源系统多维度效益辅助指标

功能	评价指标	占比/%
生态效益	空气净化	1.94
	固碳释氧	2.44
	保持土壤肥力	1.04
	气候调节	1.50
	减少噪声	2.45

7.4.3　参考指标

将各类指标占比在总值1%以下的指标选定为参考指标,具体见表7.4-4。

表 7.4-4　区域水土资源系统多维度效益参考指标

功能	评价指标	占比/%
社会效益	科研教育	0.14
生态效益	维持养分循环	0.55

7.4.4　指标优化结果

太阳山供水工程受水区区域水土资源系统多维度效益评价指标优化结果见表7.4-5。

表 7.4-5　区域水土资源系统多维度效益评价指标优化结果

序号	指标类型	评价指标	占比/%
1	核心指标 （5%以上）	旅游休闲	31.53
		文化传承	17.39
		防风固沙	13.11
		防止土壤侵蚀	11.88
		水源涵养	9.74
		维持生物多样性	6.32
2	辅助指标 （1%~5%）	减少噪声	2.45
		固碳释氧	2.44
		空气净化	1.94
		气候调节	1.50
		保持土壤肥力	1.04
3	参考指标 （0~1%）	维持养分循环	0.55
		科研教育	0.14

　　由表 7.4-5 可知,优化后的区域水土资源系统多维度效益指标体系中,旅游休闲、文化传承、防风固沙、防止土壤侵蚀、水源涵养、维持生物多样性属于核心指标;减少噪声、固碳释氧、空气净化、气候调节、保持土壤肥力属于辅助指标;维持养分循环、科研教育属于参考指标。

第 8 章　受水区社会系统多维度效益评价

8.1　社会系统多维度效益研究范围

太阳山供水工程受水区社会系统多维度效益研究范围涵盖灵武市、盐池县和太阳山开发区 3 个片区,共有主供水管线 4 条,按供水方向分为北线、东北线、东线和南线供水管道,具体如下:灵武市片区有北线和东北线 2 条主管线,其中北线供水对象为白土岗养殖基地人畜生活及绿化用水,东北线供水对象为马家滩镇和矿区生活生产用水;盐池县片区为东线供水管道,供水对象为盐池县 3 镇 4 乡(不含高沙窝镇)人畜生活用水。太阳山开发区片区为南线供水管道,包括工业和生活供水 2 条主管线,供水对象为太阳山、同心和萌城工业园区生产生活、绿化用水,同时解决太阳山镇(含红寺堡 3 个村)人畜生活用水。

8.2　受水区社会系统多维度效益评价方法

8.2.1　受水区社会系统多维度效益评价指标体系

结合太阳山供水工程受水区社会系统社会多种功能的特征,在调研并分析国内外相关生态系统社会功能效益评估方法的基础上,社会功能效益主要由社会效益体现。因此,构建的太阳山供水工程受水区社会系统多维度效益评价指标体系见表 8.2-1。

表 8.2-1　受水区社会系统多维度效益评价指标体系

评价内容	准则	指标	分项指标	数据来源
社会功能效益	社会效益	旅游休闲	旅游价值	问卷调查及旅游部门数据
			文化传承	问卷调查、相关文献
		科研教育	科学研究与教育	中国知网、科技部网站、自然科学基金委网站以及流域机构、相关文献
		公共健康	区域疾病减少	《中国卫生健康统计年鉴》、公共卫生科学数据中心、卫生部门、医院样本调查、相关文献
			公众满意度	问卷调查、相关文献
		政治服务	战略资源储备	问卷调查、专家咨询
			供水保障能力	民意调研、支付意愿调查
			辐射带动作用	《统计年鉴》、相关文献
		社会经济	产业就业结构	《统计年鉴》、相关文献
			物价指数	
			就业率	
			人均可支配收入	

8.2.2 受水区社会系统多维度效益评价方法

基于太阳山供水工程的特点和受水区域的复杂性,本项目采用价值量评估方法,对太阳山供水工程受水区社会系统多维度效益进行评估。拟采用市场价值法、旅行费用法、替代成本法、条件价值评估法、影子价格法、支付意愿法、供水安全系数法等进行计算,如表8.2-2所示。

表8.2-2 社会功能效益评价方法

评价内容	准则	指标	分项指标	计算方法	数据来源
社会功能效益	社会效益	旅游休闲	旅游价值	旅行费用法、替代成本法	问卷调查及旅游部门数据
			文化传承	条件价值评估法	问卷调查、相关文献
		科研教育	科学研究与教育	市场价值法	中国知网、科技部网站、自然科学基金委网站以及流域机构、相关文献
		公共健康	区域疾病减少	影子价格法	《中国卫生健康统计年鉴》、公共卫生科学数据中心、卫生部门、医院样本调查、相关文献
			公众满意度	支付意愿法	问卷调查、相关文献
		政治服务	战略资源储备	条件价值评估法	问卷调查、专家咨询
			供水保障能力	供水安全系数法	民意调研、支付意愿调查
			辐射带动作用	可计算一般均衡模型	《统计年鉴》、相关文献
		社会经济	产业就业结构	可计算一般均衡模型	《统计年鉴》、相关文献
			物价指数		
			就业率		
			人均可支配收入		

8.3 受水区社会系统多维度效益评价

8.3.1 基本概况

盐池县为吴忠市市辖县,2019年行政区划调整后,将盐州路街道办事处从花马池镇分离出来,目前全县下辖4个乡、4个镇及1个街道办事处,即王乐井乡、青山乡、冯记沟

乡、麻黄山乡、花马池镇、大水坑镇、惠安堡镇、高沙窝镇、盐州路街道办事处。全县共有
11 个居委会和 96 个村委会。

根据 2021 年 6 月盐池县公布的第七次人口普查结果,2020 年盐池县常住人口 15.92
万人,城镇人口 8.80 万人,乡村人口 7.12 万人,城镇化率 55.28%,与 2010 年人口相比,
年均人口自然增长率 7.8‰。2020 年盐池县实现地区生产总值 115.40 亿元,其中第一产
业实现增加值 9.94 亿元,第二产业实现增加值 61.99 亿元(工业增加值 50.40 亿元),第
三产业实现增加值 43.47 亿元。

2020 年,盐池县生猪出栏 57 570 头,牛出栏 3 695 头,羊出栏 1 296 462 只,家禽出栏
70 041 只;年末生猪存栏 46 194 头,牛存栏 19 367 头,羊存栏 1 173 265 只,家禽存
栏 119 379 只。

同心县辖 7 镇 4 乡 1 个街道办事处,国土面积 4 662 km²,根据 2021 年 6 月同心县公
布的第七次人口普查结果,同心县 2020 年常住人口 32.08 万人,其中农村人口 18.07 万
人,城镇人口 14.01 万人,城镇化率 43.67%。实现地区生产总值 103.00 亿元,其中第一
产业增加值 16.97 亿元,第二产业增加值 35.59 亿元(工业增加值 30.18 亿元),第三产业
增加值 50.44 亿元,三次产业比重为 16.5∶34.5∶49.0,人均地区生产总值 3.21 万元。

2020 年,全县耕地面积 153.64 万亩,粮食作物播种面积 121.9 万亩,粮食产量 33.1
万 t。全年生猪出栏 0.47 万头,牛出栏 5.19 万头,羊出栏 110.94 万只,家禽出栏 59.15
万只;年末生猪存栏 0.91 万头,牛存栏 6.88 万头,羊存栏 82.49 万只,家禽存栏
21.95 万只。

红寺堡区辖 2 镇 3 乡 1 个街道办事处,国土面积 2 767 km²,根据 2021 年 6 月红寺堡
区公布的第七次人口普查结果,截至 2020 年底,全区常住人口 19.76 万人,其中农村人口
11.84 万人,城镇人口 7.92 万人,城镇化率 40.08%。实现地区生产总值 71.2 亿元,其中
第一产业增加值 8.92 亿元,第二产业增加值 34.49 亿元(工业增加值 30.28 亿元),第三
产业增加值 27.79 亿元,三次产业比重为 12.5∶48.4∶39.1,人均地区生产总值 3.6 万元。

灵武市辖 1 个街道(城区街道)、6 个镇(东塔镇、郝家桥镇、崇兴镇、宁东镇、马家滩
镇、临河镇)、2 个乡(梧桐树乡、白土岗乡),1 个国有农场(灵武农场)、1 个国有林场(狼
皮子梁林场)。根据《灵武市 2020 年国民经济和社会发展统计公报》,截至 2020 年底,全
市常住总人口 29.41 万人,其中城镇人口 20.09 万人,乡村人口 9.32 万人,城镇化率
68.3%。实现地区生产总值 533.3 亿元,其中第一产业增加值 13.56 亿元,第二产业增加
值 441.4 亿元(规模以上工业增加值 243.7 亿元),第三产业增加值 78.3 亿元,三次产业
比重为 2.5∶82.8∶14.7,人均地区生产总值 18.13 万元。2020 年全市粮食作物播种面积
25.42 万亩,粮食产量 14.98 万 t。年末生猪存栏 7.84 万头,牛存栏 8.1 万头,羊存栏
44.72 万只,家禽存栏 34.02 万只。

8.3.2　旅游休闲

旅游休闲功能是指人类通过认知发展、主观印象、消遣娱乐和美学体验,从生态系统
中获得的非物质利益。水作为"自然风景"的"灵魂",其文化娱乐服务功能是巨大的,同
时作为一种独特的地理单元和生存环境,水生态系统还具有历史文化承载能力,对形成独

特的传统、文化类型影响很大。太阳山供水工程受水区社会系统多维度效益的文化服务功能蕴含重要的美学价值、文化多样性、教育价值、灵感启发、文化遗产价值、旅游休闲娱乐价值等。本节研究从游憩价值、文化传承两个方面反映太阳山供水工程受水区社会系统多维度效益价值。

8.3.2.1 游憩价值

太阳山供水工程水资源进入受水区河湖水体后,会大幅提高河湖自净能力,极大地改善城市河湖环境质量,改善区域生态环境,促进游憩服务增值。太阳山供水工程受水区社会系统多维度效益的旅游服务价值为 3.07 亿元。

8.3.2.2 旅游消费

对太阳山供水工程受水区社会系统文化存在价值进行文献查阅分析和统计,求得平均值。结果显示,28.9%的居民愿意每年拿出 45~50 元,所占比重最高;其次是愿意拿出 5~10 元的居民占 17%,愿意拿出 10~20 元的居民占 13.7%,愿意拿出 20~30 元的居民占 12.9%,愿意拿出 50 元以上的居民占 9.1%,仅有 9.4%的居民不愿意支持该项工程,即有 90.6%的人愿意为该工程支付一定的费用,从支付的具体金额来看,愿意支付费用的居民平均每年愿意拿出 31 元维护太阳山供水工程。

太阳山供水工程受水区社会系统文化服务价值计算结果见表 8.3-1。

表 8.3-1 太阳山供水工程受水区社会系统文化服务价值计算结果

评价指标	方法	价值量/亿元
游憩价值	旅游价值法	2.06
旅游消费	支付意愿法	1.01
合计		3.07

8.3.3 科研教育

统计分析结果显示,20.8%的居民愿意支付 5~10 元去参观"南水北调"工程科教基地,所占比重最高;其次是愿意支付 45~50 元的居民占到 15.3%,愿意支付 15~20 元的居民占到 10.1%,愿意支付 10~15 元的居民占到 8.9%;另有 18.4%的居民不愿意付费参观。整体来看,81.6%的居民愿意付费参加,愿意支付费用的居民平均每年愿意拿出 15 元参观科教基地。支付意愿法计算支付总额的公式:支付总额=受水区常住居民人口数量×愿意支付费用参观人口比例×平均每年支付费用金额。太阳山供水工程受水区社会系统科研教育计算结果见表 8.3-2。

表 8.3-2 太阳山供水工程受水区社会系统科研教育计算结果

评价指标	方法	价值量/亿元
科研教育	支付意愿法	0.03

8.3.4 公共健康

根据相关文献分析可知,太阳山供水工程受水区氟骨病患者人数在太阳山供水工程通水期间有明显下降,但对应社会价值货币化量与其他部分相比较少,故公共健康指标在受水区被列为参考指标。

8.3.5　政治服务

8.3.5.1　战略资源储备价值

太阳山供水工程为受水区提供的水资源战略储备价值主要体现在对区域发展战略决策方面的支持作用。太阳山供水工程主要由水源工程(太阳山水库)、净(输)水工程、农村人饮安全工程等部分组成,承担着为太阳山开发区、盐池县城及周边乡镇、萌城工业园区、灵武市马家滩矿区农业用水区、白土岗养殖园区、红寺堡区村镇用水区以及同心精细化工产业园区等区域工农牧业生产、城乡居民生活和周边生态环境建设提供水源的重要任务,供水范围辐射近 10 000 km²,为保障区域经济社会发展、服务地方招商引资、调整工业产业布局、改善区域生态环境提供了有力的供水支撑。2022 年底,随着太阳山供水二期水源工程的顺利实施,水库工程蓄水量超过 1 700 万 m³,显著提升了工程的供水保障能力,增强了工程服务地方经济社会发展与生态建设的价值。工程自建设运行以来,实现了由单一供水生产向水务一体化管理转变,由单一供水产业向"一业为主,多业并举"转变,由单一服务开发区向服务开发区及周边区域转变,由粗放管理向规范化、标准化、精细化管理转变,有效支撑了地区经济、社会发展和生态环境保护修复,产生了显著的经济效益、社会效益以及生态效益。

根据相关文献和资料,从太阳山供水工程供给的水资源对受水区的地区经济、社会发展和生态环境保护修复各方面发挥了重要支撑作用,划分为非常重要(80~100 分)、较重要(60~80 分)、重要(40~60 分)、一般(20~40 分)和无支撑作用(0~20 分)5 个等级,进行评价,太阳山供水工程供给水资源的战略支撑作用专家打分表具体见表 8.3-3。

表 8.3-3　太阳山供水工程供给水资源的战略支撑作用专家打分表(空表)

序号	经济建设	社会发展	生态环境修复	分值	评分规则
1				80~100	支撑作用非常重要
2				60~80	支撑作用较重要
3				40~60	支撑作用重要
4				20~40	支撑作用一般
5				0~20	无支撑作用

通过统计分析,求得平均值,进行太阳山供水工程水资源战略价值评估。太阳山供水工程对受水区的地区经济、社会发展和生态环境保护修复的评分值分别为 85.19、88.37、89.61,支撑作用均为非常重要。由此可见,太阳山供水工程供给的水资源是区域经济社会发展和生态环境保护非常重要的战略资源,对盐池县、灵武市、红寺堡区、太阳山开发区等区域发展具有举足轻重的作用。

8.3.5.2　供水保障能力

城市公共供水系统是国家经济的基础产业,是社会经济发展的重要保证。同时,公共供水系统的发展关系到水资源的调控能力和使用效率,在一定程度上体现了一个国家社会经济发展水平和科学技术水平。随着社会经济快速发展,人口大幅度增加,目前受水区水资源和供水现状主要存在以下问题:随着受水区用水需求的增加,太阳山供水工程现状供水能力已不能满足区域用水刚性需求的持续增长。

8.3.5.3 辐射带动作用

太阳山供水工程是宁夏回族自治区优化区域水资源配置的重要战略工程。其成为黄河和受水区之间联系的纽带。太阳山供水工程供水入受水区后,不仅对受水区市的社会经济、政治文化和生态环境起到显著的作用,也拉动受水区与周边城镇之间的合作,在区域一体化合作进程中起到助推作用。太阳山供水工程的建设运行,优化城市供水体系的功能、提高城市供水安全系数和完善城市供水设施,整体提升了区域城乡供水保障能力,对周边及受水区具有重要的辐射带动作用,助推区域水资源一体化发展,带动区域合作共赢。

太阳山供水工程的政治服务价值为 2.56 亿元。

8.3.6 社会经济

8.3.6.1 产业结构

太阳山供水工程供水变化对产业结构产生影响,本研究用三次产业就业结构表征。考察不同政策情景下受水区三次产业就业结构变化见图 8.3-1。

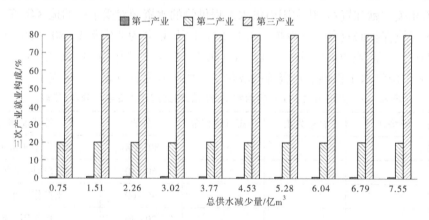

图 8.3-1 不同政策情景下三次产业就业结构变化

由图 8.3-1 可知,不同政策情景下随着太阳山供水工程供水量减少,即随着受水区总供水减少量增加,三次产业就业结构发生变化,总体呈第一产业增加、第二产业增加、第三产业下降的趋势。

其中,在第二产业中,高用水工业就业比重呈下降趋势,一般用水工业就业比重呈略微上升趋势。在第三产业中,住宿餐饮零售与居民服务业行业属于高用水服务业行业,其产业结构随着受水区总供水减少量增加呈下降趋势;交通及通信业呈上升趋势;金融及其他呈略微下降趋势,公共服务业呈上升趋势,三次产业就业结构变动情况总体与产业结构变动趋势类似。

8.3.6.2　物价指数

太阳山供水工程供水量的变化对社会稳定产生影响,本研究用居民消费价格指数(CPI)表征。基准情境下受水区的居民消费价格指数(CPI)为 101.8(上年=100),不同政策情景下居民消费价格指数(CPI)的变化情况见图 8.3-2。

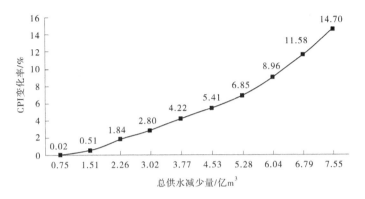

图 8.3-2　不同政策情景下 CPI 的变化

由图 8.3-2 可知,不同政策情景下随着太阳山供水工程供水量减少,即随着受水区总供水减少量增加,在生产环节会造成纳税主体(生产者)的用水量减少,企业采取要素替代或采用节水设备,企业生产成本和产出价格上升,进而导致 CPI 上升。CPI 是衡量通货膨胀的一个重要指标,由于 CPI 的变动率在一定程度上反映了通货膨胀或紧缩的程度。一般而言,CPI 达到 3%~5% 是国际上通货膨胀的警戒线。

8.3.6.3　就业率

太阳山供水工程供水变化对社会环境产生影响,本研究用就业率表征,考察相同政策情景下就业人数的变化情况。由于模型冲击的是供水量(供水约束),在生产环节会造成纳税主体(生产者)的用水缩减,企业生产成本和产出价格上升,从而平均工资相对综合要素价格上升,进而导致就业水平下降。不同政策情景下随着太阳山供水工程供水减少,即随着受水区总供水减少量增加,就业人员变化率呈下降趋势,相应的就业人数就下降,会增加失业人数。目前,由德尔菲调查中综合专家学者意见得出的标准,中国的失业率警戒线为 7%。

8.3.6.4　人均可支配收入

太阳山供水工程供水变化对人民生活质量产生影响,本节用人均可支配收入表征,考察不同政策情景下人均可支配收入的变化情况。

由于模型冲击的是供水量(供水约束),在生产环节会造成纳税主体(生产者)的用水缩减,企业生产成本和产出价格上升,生产规模可能会缩减,所需劳动力人数减少,劳动力供给不变,从而供给大于需求,人均可支配收入下降。不同政策情景下随着太阳山供水工程供水量减少,即随着受水区总供水减少量增加,人均可支配收入减少,即人民生活质量水平降低。

相对于太阳山供水工程不供水的方案,太阳山供水工程供水的社会服务效益为 254.74 亿元。

8.3.7　社会功能总价值

太阳山供水工程社会系统多维度效益总价值见表 8.3-4。

表 8.3-4　太阳山供水工程社会系统多维度效益总价值

评价指标	指标内涵	多维度效益价值量/亿元
旅游休闲	游憩价值、旅游消费	3.07
科研教育	科研教育	0.03
政治服务	战略资源储备、供水保障能力、辐射带动作用	2.56
社会经济	产业结构、物价指数、就业率、人均可支配收入	254.74
合计		260.4

8.4　受水区社会系统多维度效益评价指标体系优化

太阳山供水工程受水区社会系统多维度效益各评价指标效益占比如图 8.4-1 所示。由图 8.4-1 可知,各评价指标效益所占比重差异较大,受水区社会系统效益主要为社会经济。为科学评价社会系统效益,将评价指标分为核心指标、辅助指标和参考指标 3 大类。

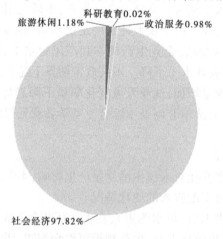

科研教育0.02%
旅游休闲1.18%　政治服务0.98%
社会经济97.82%

图 8.4-1　太阳山供水工程受水区社会系统多维度效益各评价指标效益占比

8.4.1　核心指标

将各类指标平均占比大于总值5%的指标选定为核心指标,具体见表 8.4-1。

表 8.4-1　受水区社会系统多维度效益核心指标

评价指标	指标内涵	占比/%
社会经济	产业结构、物价指数、 就业率、人均可支配收入	97.82

8.4.2　辅助指标

将各类指标占比在总值 1%~5% 的指标选定为辅助指标,具体见表 8.4-2。

表 8.4-2　受水区社会系统多维度效益辅助指标

评价指标	指标内涵	占比/%
旅游休闲	游憩价值、旅游消费	1.18

8.4.3　参考指标

将各类指标占比在总值 1% 以下的指标选定为参考指标,具体见表 8.4-3。

表 8.4-3　受水区社会系统多维度效益参考指标

评价指标	指标内涵	占比/%
科研教育	科研教育	0.02
政治服务	战略资源储备、供水保障 能力、辐射带动作用	0.98

8.4.4　指标优化结果

受水区社会系统多维度效益评价指标优化结果见表 8.4-4。

表 8.4-4　受水区社会系统多维度效益评价指标优化结果

序号	指标类型	评价指标	占比/%
1	核心指标	社会经济	97.82
2	辅助指标	旅游休闲	1.18
3	参考指标	科研教育	0.02
		政治服务	0.98

由表 8.4-4 可知,优化后的受水区社会系统多维度效益评价指标体系中,社会经济属于核心指标,旅游休闲属于辅助指标,科研教育、政治服务属于参考指标。

第9章 太阳山供水工程多维度效益评价指标优化

通过对太阳山供水工程受水区的水域/水库供水系统、湿地供水系统、城乡供水系统、区域水土资源系统以及社会系统多维度效益价值的定量评价与分析,对太阳山供水工程多维度效益评价指标进行了初步选择,将指标分为核心指标、辅助指标和参考指标3大类。

根据各系统多维度效益评价指标选用及分类情况,初步确定太阳山供水工程多维度效益的评价指标优选,见表9-1和表9-2。

(1)核心指标:供水、旅游休闲、文化传承、固碳释氧、防止土壤侵蚀、气候调节、水源涵养、维持生物多样性、生物栖息地,详见表9-3。

(2)辅助指标:科研教育、社会经济、水质净化、空气净化、水资源贮存,详见表9-4。

(3)参考指标:景观美学、公共健康、政治服务、维持养分循环、减少噪声、控制降落漏斗,详见表9-5。

表 9-1　太阳山供水工程多维度效益评价指标分类

一级指标 名称	代码	二级指标 名称	代码	水域/水库供水系统	湿地供水系统	城乡供水系统	区域水土资源系统	社会系统
经济效益	A	工业供水	A1	□		○		
		生活供水	A2	□		○		
		规模化养殖供水	A3	△		○		
		公共绿化供水	A4	△		○		
社会效益	B	旅游休闲	B1	○	○	□	○	□
		景观美学	B2					
		科研教育	B3	△	□	△	△	△
		文化传承	B4	○	□	□	○	
		公共健康	B5					
		政治服务	B6					△
		社会经济	B7					○
生态效益	C	水资源贮存	C1	□		△		
		水质净化	C2	△	△			
		空气净化	C3		□	△	□	
		固碳释氧	C4			△	□	
		防止土壤侵蚀	C5			△	□	
		气候调节	C6	○	○	○	○	
		水源涵养	C7			△	○	
		减少噪声	C8			△	□	
		维持生物多样性	C9	○	○	△	○	
		维持养分循环	C10				△	
		控制降落漏斗	C11			△		
		生物栖息地	C12		□	△		

注：○为核心指标，□为辅助指标，△为参考指标。

表 9-2 太阳山供水工程多维度效益评价指标体系优选

一级指标 名称	代码	二级指标 名称	代码	水域/水库供水系统	湿地供水系统	城乡供水系统	区域水土资源系统	社会系统
经济效益	A	工业供水	A1	√		√		
		生活供水	A2	√		√		
		规模化养殖供水	A3	√		√		
		公共绿化供水	A4	√		√	√	
社会效益	B	旅游休闲	B1	√	√	√	√	√
		景观美学	B2					
		科研教育	B3	√	√	√	√	√
		文化传承	B4	√	√	√	√	
		公共健康	B5					
		政治服务	B6					√
		社会经济	B7			√		√
生态效益	C	水资源贮存	C1	√		√	√	
		水质净化	C2	√	√		√	
		空气净化	C3		√	√	√	
		固碳释氧	C4		√	√	√	
		防止土壤侵蚀	C5				√	
		气候调节	C6			√	√	
		水源涵养	C7		√	√	√	
		减少噪声	C8			√		
		维持生物多样性	C9	√	√	√	√	
		维持养分循环	C10			√	√	
		控制降落漏斗	C11				√	
		生物栖息地	C12		√	√		

表 9-3　太阳山供水工程多维度效益评价核心指标

指标类型	一级指标		二级指标
	名称	代码	名称
核心指标	经济效益	A	供水
	社会效益	B	旅游休闲
			文化传承
	生态效益	C	固碳释氧
			防止土壤侵蚀
			气候调节
			水源涵养
			维持生物多样性
			生物栖息地

表 9-4　太阳山供水工程多维度效益评价辅助指标

指标类型	一级指标		二级指标
	名称	代码	名称
辅助指标	社会效益	B	科研教育
			社会经济
	生态效益	C	水质净化
			空气净化
			水资源贮存

表 9-5　太阳山供水工程多维度效益评价参考指标

指标类型	一级指标		二级指标
	名称	代码	名称
参考指标	社会效益	B	景观美学
		B	公共健康
		B	政治服务
	生态效益	C	维持养分循环
		C	减少噪声
		C	控制降落漏斗

第 10 章　工程受水区土地利用特征遥感解译分析

运用遥感影像、ENVI5.1 和 ArcGIS 技术对数据库中相关资料进行处理,并将各类数据的坐标系统进行统一,基本信息如下:

地理坐标系统采用:GCS_WGS_1984;

投影坐标系统采用:WGS_1984_UTMZone_49N;

中央经线:111;

中央纬线:31、33;

单位:Meter(m)。

10.1　受水区土地利用类型遥感解译

10.1.1　遥感影像获取

太阳山供水工程受水区的土地利用遥感数据来源于地理空间数据云,遥感数据集以 Landsat4-5TM 和 Landsat8OLI-TIRS 遥感影像数据为信息源,分辨率为 30 m,同时为了保证遥感数据的清晰度,以便 ENVI5.1 进行土地分类时更加准确,云量设置 0.1%。成像时间选择拍摄于 7—9 月的影像数据,此时间段植被茂盛,可以更好地区分土地利用类型,保证工程供水多维度服务价值结果的科学性。根据太阳山开发区开始建设年份、太阳山供水工程投入运行年份等条件,最终选用 2004 年、2008 年、2015 年、2020 年 4 期的太阳山供水工程受水区遥感影像作为典型年,如表 10.1-1 所示。

表 10.1-1　遥感数据信息

条带号	日期(年-月-日)	数据集	行编号
125	2004-09-19	Landsat4-5TM	36
	2008-09-01	Landsat4-5TM	
	2015-07-08	Landsat4-5TM	
	2020-09-18	Landsat8OLI-TIRS	

10.1.2　遥感影像处理

直接在地理空间数据云上获取到的太阳山供水工程受水区遥感影像会发生几何变形和辐射变形,首先需要对遥感数据进行纠正和重建,使得获取到的遥感影像尽可能真实。

同时,将太阳山供水工程受水区的区域边界在 ArcGIS 中进行图像合并,合成所需的研究区总范围图,以便在获取到的遥感影像上裁剪研究区的遥感图像。

在 ENVI5.1 中对遥感数据进行辐射定标、大气校正、图像裁剪等预处理,这样可以减少真实地物由于反射和辐射造成与获取到的遥感数据之间的误差,避免产生图像灰度值失真现象。根据生态足迹模型中关于生物生产土地的分类标准,运用监督分类法对水源区 2004 年、2008 年、2015 年、2020 年 4 期遥感图像进行人机交互解译,并借助 BIGEMAP 高分辨率影像、野外实地验证等方法进行辅助解译与可分离性验证,最终将太阳山供水工程受水区内土地利用类型划分为城镇用地、水域、林地、草地、农村居民点、建设用地、裸土地等。预处理后的遥感影像土地利用类型在 ENVI5.1 中可分离性验证值均大于 1.8,分离性良好。

遥感数据处理流程见图 10.1-1。

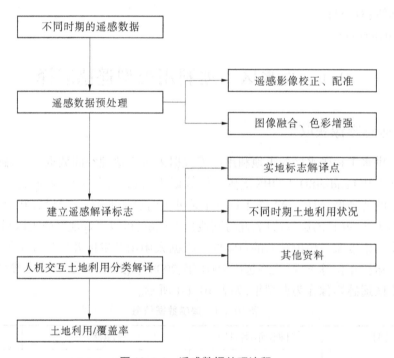

图 10.1-1　遥感数据处理流程

10.1.2.1　辐射定标

通过遥感影像进行太阳山供水工程受水区土地利用分类,就是要将遥感影像中的数据定量化,直接获取到的遥感影像无法获得其中的定量信息,需要借助辐射定标转换遥感影像 DN(digital number)值,将遥感影像中对应的像元的辐射亮度值转换一致,这个过程就是辐射定标。

在 ENVI5.1 工具箱中选择辐射校准(radiometric calibration)工具获取到的研究区遥感影像进行辐射定标,如图 10.1-2 和图 10.1-3 所示。

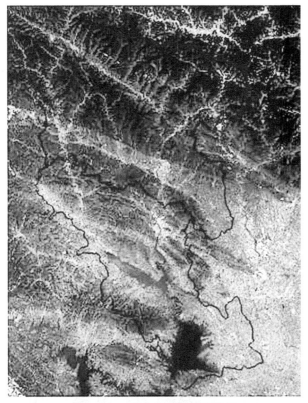

图 10.1-2　多光谱影像辐射定标

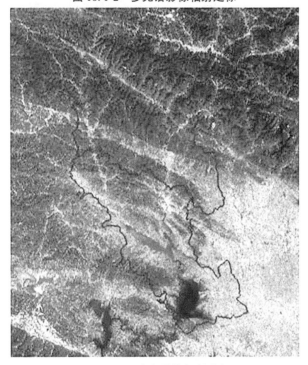

图 10.1-3　全色影像辐射定标

10.1.2.2　大气校正

太阳山供水工程受水区土地利用类型受大气中物质成分的干扰,遥感影像在获取地面信息时,不仅会获取到地物信息,也会获取到其他大气分子物质的信息,这就使得空间云下载的遥感影像的精度降低,不能达到分析的要求。大气校正(atmospheric correction)其实就是把遥感影像在获取信息时无法排除掉的大气成分信息消除,增强获取到的地物信息的精确度,大气校正也是将真实的地物信息的反射率提取出来。常见的校正精度高的方法有辐射传输模型法的黑暗像元法、MORTRAN 模型、6S 模型、ATCOR 模型等。本书使用 MORTRAN 模型来进行大气校正,使用 ENVI5. 1 工具箱 FLAASH 大气校正模型,FLAASH 大气校正模型不需要遥感影像成像时的测量数据,精确度高,可以有效消除大气对遥感影像成像的干扰。

在 FLAASH 大气校正模型中输入参数 Ground Elevation 为 0. 076 km,Flight Date 根据遥感影像的具体拍摄时间,Sensor Type 为 Landsat4 - 5TM 或 Landsat8OLI - TIRS,Aerosol Model 为 Rural,Atmospheric Model 为 Mid-Latitude Summer。

全色影像辐射定标见图 10.1-4。

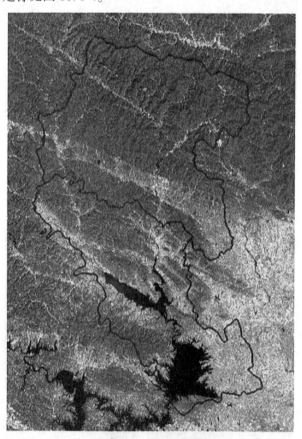

图 10.1-4　大气校正图

10.1.2.3　图像裁剪

对遥感影像预处理时,只需要对太阳山供水工程受水区进行处理,根据研究区范围对空间云获取到的遥感影像进行裁剪。常用的裁剪工具有标准图幅裁剪、分块裁剪、批量影像裁剪。分块裁剪可以根据区域自定义的多边形或行政区矢量范围进行裁剪。

本研究根据行政区矢量图进行分块裁剪,根据太阳山供水工程受水区范围在 ENVI5.1中查找工具 Raster Management 中 Making 工具中的 Build Mask,选择大气校正后的影像进行裁剪,选择工具 Raster Management 中 Making 工具中的 Apply Mask,设置 Mask Value 为 255,裁剪后的影像如图 10.1-5 所示。

图 10.1-5　研究区裁剪

10.1.2.4　监督分类

使用遥感图像对太阳山供水工程受水区进行分类,就是分析遥感影像中不同地物间的空间、光谱信息,进而区分遥感影像中不同地物的真实地物信息,将影像中每个像元与地面真实情况一一对应。

针对太阳山供水工程受水区遥感影像分类的方法有监督分类、神经网络分类、非监督分类、基于专家知识的决策树分类。目前,常用分类为监督分类,因为该方法的运算量小且模型简单实用,具有较高分类精度。

1. 定义训练样本

使用监督分类对太阳山供水工程受水区地物区分时,首先需人为目测选择不同地物的像元作为训练样本,监督分类算法会根据选取的训练样本,分类算法模拟计算将与训练样本相似像元识别为一类地物。

在 ENVI5.1 选择训练样本时,要结合太阳山供水工程受水区实际地物情况进行选择。本研究参考《土地利用现状分类》(GB/T 21010—2017),将受水区划分为林草地、建设用地、水域用地、耕地、未利用地等土地利用类型。太阳山供水工程受水区土地利用类型和含义见表 10.1-2。

表 10.1-2　太阳山供水工程受水区土地利用类型和含义

土地利用类型	含义
林草地	指生长乔木、灌木和人工绿化树木用地
建设用地	指城乡居民点、各企事业单位用地、铁路和公路用地
水域用地	指河渠、水库、湖泊和各类水利设施用地
耕地	指种植农作物的土地
未利用地	包括荒草地、盐碱地、沼泽地、沙地、裸土地、裸岩等

通过 ENVI5.1,在裁剪后的影像上建立 New Region of Interest 来选取训练样本,选取训练样本时主要根据像元的颜色、形状以及纹理来进行区分,在无法确定像元所属的地物时,则可以根据其周围的影像来判断所属的地物类型,同时我们需借助现状地图来判断像元的真实属性,尽可能多地选择每种土地利用类型训练样本,以便分类算法更准确地模拟不同土地利用类型间的基础数据。

通过尝试不同的波段组合,最终确定遥感影像的波段显示为 TM752 波段,在此波段下,不同土地利用类型间的颜色区别明显,可以更方便准确地提取不同土地利用。太阳山供水工程受水区土地利用遥感解译标志见表 10.1-3。

表 10.1-3　太阳山供水工程受水区土地利用遥感解译标志

地类	研究区 TM752 波段组合解译标志描述	影像
林草地	绿色,形状不规则,纹理粗糙	
建设用地	深紫色,分布形状规则,多处于地势平坦的区域	

续表 10.1-3

地类	研究区 TM752 波段组合解译标志描述	影像
水域用地	深蓝色,多呈条带状,纹理细腻	
耕地	耕地形状多为方块状,集中分布	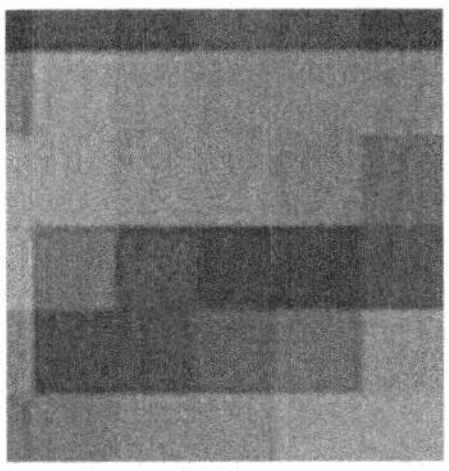
未利用地	形状不规则,纹理粗糙	

2. 评价训练样本

在选取好训练样本后,为了确保选取后的各类训练样本真实准确,需对选取的样本质量进行定量评价,通过计算选取的训练样本 ROI 可分离性来分析各地类的分离度,可分离性参数值为 0~2.0,一般样本的可分离性值大于 1.9,就说明样本之间的分离性较好,样本合格;小于 1.8,则需要重新选择样本;小于 1,则可考虑将两类样本合成一类。太阳山供水工程受水区 ROI 可分离性值见表 10.1-4。

表 10.1-4　太阳山供水工程受水区 ROI 可分离性值

地物样本	2004 年	2008 年	2015 年	2020 年
耕地和其他用地	1.912	1.950	1.994	1.936
林草地和耕地	1.923	1.992	2.000	2.000
建设用地和耕地	1.955	1.997	1.986	1.935
建设用地和其他用地	1.965	1.991	2.000	1.972
林草地和其他用地	1.986	1.993	1.997	1.991

续表 10.1-4

地物样本	2004 年	2008 年	2015 年	2020 年
林草地和建设用地	1.999	2.000	2.000	2.000
水域用地和建设用地	2.000	2.000	1.998	2.000
水域用地和林草地	2.000	2.000	2.000	2.000
水域用地和其他用地	2.000	2.000	2.000	2.000
水域用地和耕地	2.000	2.000	2.000	2.000

从表 10.1-4 可以看出,各个地物之间的可分离度均超过 1.9,分离性良好,说明选取的地物样本有较高的代表性,有利于后期监督分类器的运行。

3. 监督分类器选择

目前,使用的分类器有很多种,每种分类器算法不同,使得最终影像分类结果的精确度存在区别。这些分类器大多是基于模式识别、神经网络以及统计分析学分析影像的每一个像元。结合太阳山供水工程受水区 ROI 的实际情况,本研究选择使用基于机器学习方法的支持向量机。在 ENVI5.1 中查找工具 Classification 中的 Supervised Classification,选择其中的 Support Vector Machine Classification 对生成后的裁剪影像进行支持向量机监督分类。

4. 分类后处理

太阳山供水工程受水区监督分类的影像是按照训练样本中近似波段的地物类别转译为同一种地块,在转译过程中,在对遥感影像辐射定标、大气校正时,我们只能消除部分由于大气物质、气溶胶以及云层高反射造成的影响,无法消除的部分影像不能真实地反映地物特征,造成监督分类时算法的分类错误。需要对监督分类后的遥感影像进行进一步的处理,即分类后处理。本书根据太阳山供水工程受水区实际情况,对影像进行小斑块处理,并对分类错误的像元进行人机交互解译。

影像分类后图像中会有一些细碎的小斑块,使分类后的地块十分不美观,对之后的土地利用分析也是不必要的。小斑块处理可以将影像中细小的、邻近的斑块聚合成大的斑块。本书针对太阳山供水工程受水区小斑块处理通过在 ENVI5.1 中查找工具 Classification 中的 Post Classification,选择其中的主要次要分析法 Majority/Minority Analysis 进行处理,处理后结果如图 10.1-6 所示。

5. 精度评价

本研究将太阳山供水工程受水区土地利用类型分为水域、林草地、建设用地、耕地和其他用地等类型。对 ENVI5.1 土地利用分类后的影像进行精度评价,确定分类的精度和可靠性,本研究使用混淆矩阵精度验证。主要通过总体分类精度(Overall Accuracy)和 Kappa 系数(Kappa Coefficient)两个指标来评价分类精度,通过 ENVI5.1 中的 Confusion Matrix Using Ground Truth ROIs 工具来实现此过程。Kappa 系数的分类精度对照表见表 10.1-5。

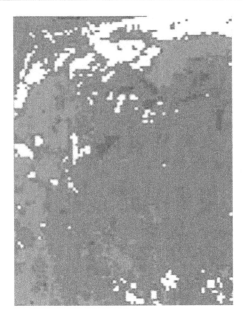

图 10.1-6　小斑块处理对比

表 10.1-5　Kappa 系数的分类精度对照

Kappa 系数	分类精度
<0.00	很差
0.00~0.20	差
0.20~0.40	一般
0.40~0.60	好
0.60~0.80	很好
0.80~1.00	极好

本次研究通过总体分类精度（Overall Accuracy）和 Kappa 系数（Kappa Coefficient）两个指标，对太阳山供水工程受水区 2004 年、2008 年、2015 年、2020 年的土地利用分类进行分类精度评价，结果见表 10.1-6。

表 10.1-6　太阳山供水工程受水区土地利用分类精度评价

项目	2004 年	2008 年	2015 年	2020 年
Kappa 系数	0.997	0.995	0.998	0.997
总体分类精度/%	99.93	99.84	99.96	99.89

太阳山供水工程受水区 2004 年、2008 年、2015 年、2020 年 4 期的土地利用分类总体分类精度（Overall Accuracy）和 Kappa 系数（Kappa Coefficient）两个指标都评价极好，表明使用支持向量机分类器对 5 种土地利用进行分类的结果可信，并且分类精度满足要求。

10.1.2.5　分类结果

最终对太阳山供水工程受水区 2004 年、2008 年、2015 年、2020 年 4 期土地利用类型监督分类结果如图 10.1-7～图 10.1-10 所示。

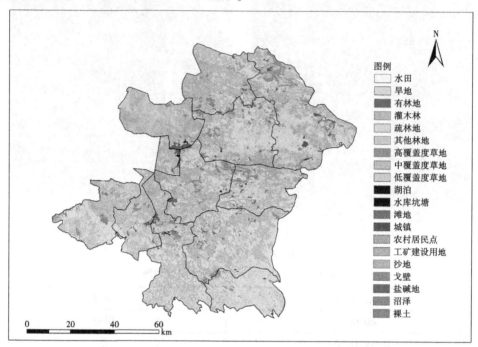

图 10.1-7　太阳山供水工程受水区 2004 年土地利用类型图

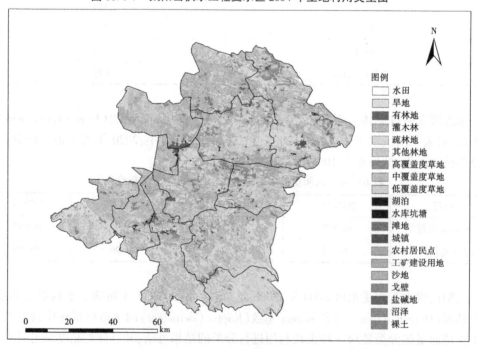

图 10.1-8　太阳山供水工程受水区 2008 年土地利用类型图

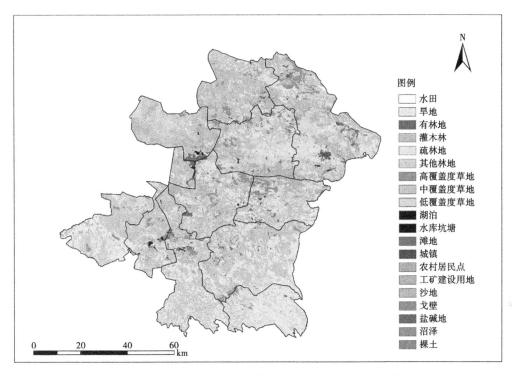

图 10.1-9　太阳山供水工程受水区 2015 年土地利用类型图

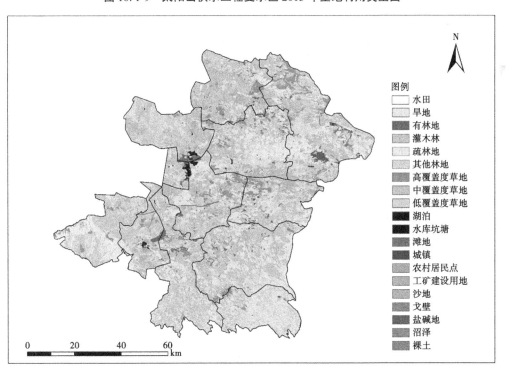

图 10.1-10　太阳山供水工程受水区 2020 年土地利用类型图

太阳山供水工程受水区主要有 5 种土地利用类型,研究区内多为林草地,主要是针叶林和阔叶林,区域内植被茂盛,物产丰富。建设用地由于受人类活动影响较大,随着城镇化的快速发展,建设用地面积呈现显著上升趋势。农田多处于建设用地外围,多位于地形平坦处。可以看出,研究区内水域面积范围 2004—2020 年逐渐增大,水域对改善研究区内的生态环境至关重要。太阳山供水工程受水区土地利用类型空间分布格局变化见表 10.1-7。

表 10.1-7　太阳山供水工程受水区土地利用类型空间分布格局变化

年份	土地利用类型	林草地	耕地	建设用地	水域用地	其他用地
2004 年	面积/km²	5 273.89	1 849.02	98.25	17.28	1 060.81
	比例/%	63.55	22.28	1.18	0.21	12.78
2008 年	面积/km²	5 257.73	1 865.66	137.49	23.77	1 014.62
	比例/%	63.35	22.48	1.66	0.29	12.23
2015 年	面积/km²	5 226.43	1 866.64	167.24	28.14	1 010.81
	比例/%	62.97	22.49	2.02	0.34	12.18
2020 年	面积/km²	5 152.00	1 874.44	269.41	40.16	963.25
	比例/%	62.08	22.59	3.25	0.48	11.61

太阳山供水工程受水区土地利用类型见图 10.1-11。

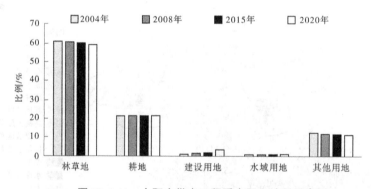

图 10.1-11　太阳山供水工程受水区土地利用类型

10.2　受水区地形因子分析

太阳山供水工程受水区基于数字高程模型(digital elevation model,DEM)的地形因子提取是数字地形分析的基础与核心内容,实际上是根据地形的平面及高程坐标模拟的真实地形的模型,是将地形高程数据转变为数字化模型的一种表达,在数字地形模型(digital terrain model,DTM)基础上发展演变而来。数字高程模型(DEM)在 ArcGIS 中得到广泛应用,已成为地理信息系统的一个重要的组成部分。利用 GIS 开展地形分析是快速获取可应用于科学计算的地形地貌特征的重要方法之一。

10.2.1　DEM 数据获取

太阳山供水工程受水区在地理空间数据云中 ASTERGDEMV3 获取研究区的 DEM 数据。

如图 10.2-1 所示,根据研究区范围在地理空间数据云中获得的 ASTERGDEMV3-DEM 数据有明显的分界,将获得的数据在 ArcGIS 中进行处理,提取研究区范围内太阳山供水工程受水区的 DEM 数据。

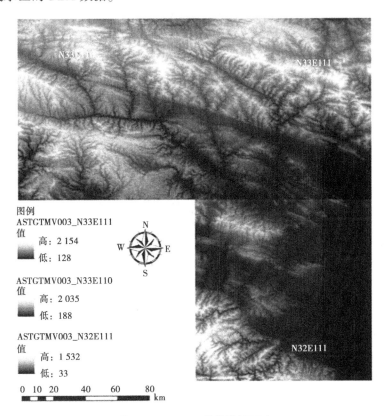

图 10.2-1　DEM 数据获取示意

10.2.2　DEM 数据处理

太阳山供水工程受水区的数字高程影像数据都是分幅存储的,造成某一特定研究区域跨越了不同的图幅。最终需要得到太阳山供水工程受水区的 DEM 数据,就要对获得的 N33E110、N33E111、N32E111 3 幅 DEM 数据进行处理,在 ArcGIS 中对数据进行融合、裁剪,提取出研究区内的 DEM 数据。

太阳山供水工程受水区研究区数字高程影像见图 10.2-2。

根据太阳山供水工程受水区的数字高程影像(DEM)可知,研究区内整个地势由中南

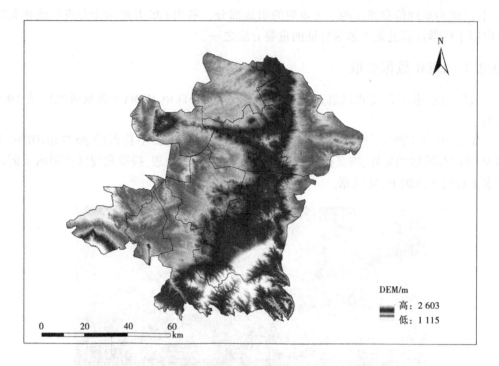

图 10.2-2 太阳山供水工程受水区研究区数字高程影像

部向东西两侧倾斜的趋势,中部高,东西侧低,呈阶梯状依次为中山区、浅山区、山谷盆地、丘陵地、岗地及冲积平原区,南部地区山高且沟谷幽深,山脉东西侧地区坡度较缓。其中,南部地区海拔最高为 2 603 m,西部区域海拔最低为 1 115 m。

10.3 遥感解译数据统计与分析

对太阳山供水工程受水区统计数据的收集,主要来源于盐池县、灵武市、红寺堡区及同心县的国民经济和社会发展统计公报、《吴忠市水资源公报》、国家统计局以及中国气象科学数据共享服务网等资料,获取的数据主要有人口、社会发展经济数据、水资源情况等。

本章主要是对获取到的太阳山供水工程受水区遥感影像进行解析,使用 ENVI5.1 软件对 2004 年、2008 年、2015 年、2020 年的历史影像数据分析,通过获取遥感影像数据所携带的信息,进行土地利用分类。前期需对获取到的遥感影像进行辐射定标和大气校正,消除影像中由于大气物质反射产生的信息,增强获取真实地物信息的准确性。通过图像裁剪,最终保留研究区的遥感影像图,通过支持向量机方法对研究区进行土地利用分类,确定太阳山供水工程受水区主要土地利用类别。对分类后的影像进行分类后处理,人机交互解译分类不准确的像元,对最终影响进行小斑块处理,将其中细小、临近的斑块聚合在一起。最终 4 期影像分类精度均处于 99% 以上,Kappa 系数均大于 0.99,分类效果显著。

第 11 章　工程受水区土地利用格局时空演变分析

11.1　受水区长序列土地利用结构

太阳山供水工程受水区 2020 年土地面积约为 8 300 km²。对研究区 2020 年遥感影像进行 ENVI 监督分类处理后,得到研究区 2020 年土地分类现状情况,其中耕地 1 874.44 km²,占土地总面积的 22.59%;林草地 5 152.00 km²,占土地总面积的 62.07%;其他用地 963.25 km²,占土地总面积的 11.61%;建设用地 269.41 km²,占土地总面积的 3.25%;水域 40.16 km²,占土地总面积的 0.48%,具体如图 11.1-1 所示。

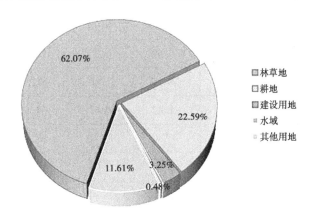

图 11.1-1　太阳山供水工程受水区 2020 年土地利用类型面积比例

11.2　受水区土地利用类型时空演变特征

11.2.1　土地利用类型时间变化

通过土地利用变化幅度,来综合全面地分析太阳山供水工程受水区不同类型土地利用面积的趋势变化。具体公式如下:

$$J = \frac{U_b - U_a}{U_a} \times 100\% \tag{11-1}$$

式中　J——水源区各种土地利用类型的变化幅度;

　　　U_a、U_b——太阳山供水工程受水区研究时段内初始和结束时此期间内土地利用类型的面积,hm²。

本研究基于遥感影像解译数据,通过 ENVI 监督分类得到 2004 年、2008 年、2015 年、2020 年 4 期土地利用类型面积,计算各时间段太阳山供水工程受水区各种土地利用类型变化以及面积变化的幅度,综合全面地分析太阳山供水工程受水区近 20 年间各个类型土地利用变化趋势。2004—2020 年,研究区土地利用类型面积变化情况见表 11.2-1。

表 11.2-1　太阳山供水工程受水区土地利用类型面积变化

年份	土地利用类型	林草地	耕地	建设用地	水域	其他用地
2004 年	面积/km²	5 273.89	1849.02	98.25	17.28	1 060.81
2008 年	面积/km²	5 257.73	1865.66	137.49	23.77	1 014.62
2015 年	面积/km²	5 226.43	1 866.64	167.24	28.14	1 010.81
2020 年	面积/km²	5 152.00	1 874.44	269.41	40.16	963.25
2004—2008 年	面积变化/km²	−16.16	16.64	39.24	6.49	−46.19
	变化幅度/%	−0.31	0.90	39.94	37.56	−4.35
2008—2015 年	面积变化/km²	−31.30	0.98	29.75	4.37	−3.81
	变化幅度/%	−0.60	0.05	21.64	18.38	−0.38
2015—2020 年	面积变化/km²	−74.43	7.80	102.17	12.02	−47.56
	变化幅度/%	−1.42	0.42	61.09	42.71	−4.71
2004—2015 年	面积变化/km²	−47.46	17.62	68.99	10.86	−50.00
	变化幅度/%	−0.90	0.95	70.22	62.85	−4.71
2004—2020 年	面积变化/km²	−121.89	25.42	171.16	22.88	−97.56
	变化幅度/%	−2.31	1.37	174.21	132.41	−9.20
2008—2020 年	面积变化/km²	−105.73	8.78	131.92	16.39	−51.37
	变化幅度/%	−2.01	0.47	95.95	68.95	−5.06

根据表 11.2-1 中面积变化数据,绘制关于太阳山供水工程受水区 2004 年、2008 年、2015 年、2020 年 4 期近 20 年间的不同年际间土地利用类型面积变化柱状图和变化幅度图。太阳山供水工程受水区土地利用面积变化见图 11.2-1,太阳山供水工程受水区土地利用变化幅度见图 11.2-2。从图 11.2-1 和图 11.2-2 中可以看出,太阳山供水工程受水区土地利用变化的总体趋势为水域、建设用地、耕地 2004—2020 年的利用面积总体呈增长趋势,其他用地、林草地面积总体呈减少趋势。其中,水域面积从 2004—2020 年共增加 22.88 km²,增长 132.41%,增幅显著。在 2008—2020 年近 12 年间水域面积的增加速度最快,达到 68.95%,主要原因为太阳山供水工程的实施和水资源供给。根据太阳山供水工程受水区的实际情况,这是由于太阳山供水工程于 2008 年开始进行大规模供水后为受

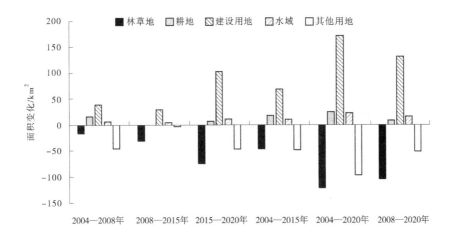

图 11.2-1　太阳山供水工程受水区土地利用面积变化

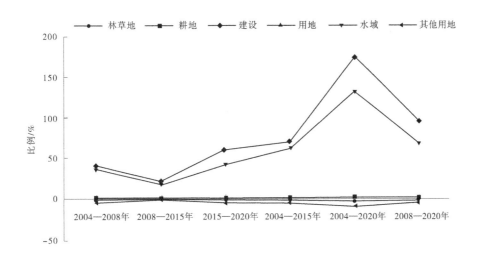

图 11.2-2　太阳山供水工程受水区土地利用变化幅度

水区注入了大量水资源,引发水域面积的增加。耕地面积在近 20 年间增加的较多,从 2004—2020 年共增加 25.42 km²,2008—2020 年耕地面积增大 8.78 km²。主要原因是农业结构调整,2015—2020 年耕地增加趋势有所缓和,当地政府积极响应保护林地草地的号召。2004—2020 年林草地共减少 121.89 km²;建设用地增加 171.16 km²,增幅达 174.21%。

近 20 年间林草地的面积整体上相比减少了 121.89 km²,变化幅度相比较而言不明显,2015—2020 年间林草地面积减少了 74.43 km²,降幅呈现缩窄趋势。这是因为考虑到研究区水质要求及水源涵养方面,在土地利用上要重点考虑太阳山供水工程水源区的水土保持与水源涵养,建立水源地生态屏障,保障供水水质安全。

耕地在2004—2020年持续增加,但在2015—2020年间耕地的面积增加趋势有所减缓,因为研究区加大了土地整理复垦补充耕地的力度,减缓了耕地上升的态势。通过土地整理复垦补充耕地,总体上实现耕地占补平衡,维持了耕地面积上升的趋势。

建设用地在近20年间面积持续增长,到2020年建设用地面积达到269.41 km²。这是由于研究区城市化建设进程加快,城市建设进一步向周边区域延伸,造成建设用地面积增多,同时随着经济的快速发展,工业企业也在不断扩大生产规模,致使建设用地的面积逐年增多。

水域面积在2008—2020年增长最多,水域面积增长了16.39 km²,增幅达68.95%,这是因为太阳山供水工程实施后,刘家沟水库正常蓄水位提升,同时受水区形成暖泉湖等景观水域。在太阳山供水工程受水区土地利用类型面积变化幅度图中,水域和建设用地面积变化幅度最大,其中在2004—2020年变化幅度分别达到132.41%和174.21%。

11.2.2　土地利用类型空间变化

太阳山供水工程受水区的土地利用转移图谱就是马尔科夫模型及根据ArcGIS10.7空间分析模块对2004年、2020年两期土地利用数据代数叠加运算,得到太阳山供水工程受水区土地利用类型变化转移矩阵(见表11.2-2)和图谱(见图11.2-3),以此来反映不同时期土地利用类型转换情况。

表 11.2-2　工程受水区 2004 年、2020 年土地利用变化转移矩阵　　单位:km²

土地类型	2020年						2020年总计	增加
	分类	耕地	林草地	水域	建设用地	未利用地		
2004年	耕地	1 625.67	168.63	3.44	42.65	8.63	1 849.02	223.34
	林草地	212.20	4 844.54	19.37	128.26	69.40	5 273.77	429.22
	水域	0.86	2.72	7.57	0.62	5.51	17.28	9.71
	建设用地	9.64	10.63	0.04	77.71	0.22	98.24	20.54
	未利用地	26.06	125.32	9.74	20.18	879.50	1 060.80	181.29
2004年总计		1 874.43	5 151.84	40.16	269.42	963.26		
减少		248.77	307.30	32.58	191.70	83.75		

(1)建设用地转移。2004—2020年,太阳山供水工程受水区建设用地面积呈增长趋势,其中有77.71 km²面积未发生变化,研究期间内共转入面积191.70 km²,转入面积最多为林草地,共转入面积128.26 km²,其次是耕地、未利用地、水域。根据图11.2-3可以看出,建设用地从原来的小区域不断向外围扩散,主要是研究区在2004—2020年间为了顺应太阳山供水工程受水区城乡经济不断融合和城乡经济一体化的发展趋势,加快推进

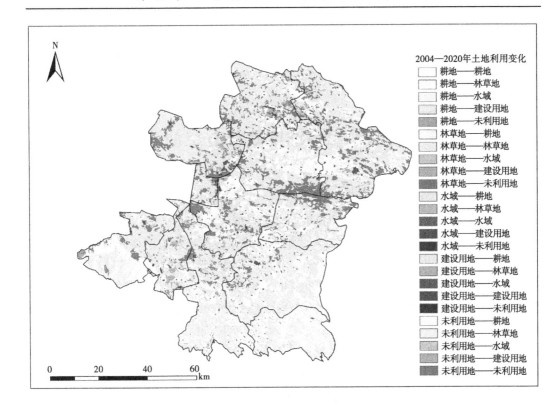

图 11.2-3　太阳山供水工程受水区土地利用空间变化

城镇化、工业化,实现受水区经济快速发展,随着经济及城镇化的快速发展,将一部分耕地和林草地占用。

（2）林草地转移。2004—2020 年间,林草地面积共转入 307.30 km²,转出 429.22 km²,工程受水区整体面积呈减少趋势。林草地面积在研究期共有 4 844.54 km² 未发生变化。转入林草地面积最多的为耕地,共转入 168.63 km²,主要原因是盐池县、灵武市、红寺堡区、同心县、太阳山开发区注重环境保护,森林资源丰富,以保护生态环境、形成生态屏障为出发点,大力植树造林,大力发展经济林其他符合生态要求的绿色产业,实施退耕还林。由于建设用地的扩张,造成受水区损失了一部分林草地面积。

（3）耕地转移。2004—2020 年间,耕地面积共转入 248.77 km²,转出面积 223.34 km²,整体面积呈增加趋势,转入面积最多的土地类型为林草地,共转入 212.20 km²,其次是未利用地和建设用地。转出面积最多的为林草地,共转出 168.63 km²,其次是建设用地、未利用地。研究期间耕地面积减少的原因主要有建设用地的扩张以及退耕还林政策的实施,同时由于太阳山供水工程的实施需加高刘家沟水库大坝,增大了水域面积。随着研究区耕地保护的重视,加大了土地整理复垦补充耕地的力度,使得受水区农田面积总体呈现增加的态势。

（4）水域转移。2004—2020 年间,水域面积整体呈增长趋势,研究期间共转入面积 32.58 km²,转出面积 9.71 km²,林草地共转入面积 19.37 km²,其次是未利用地、耕地。转出面积最多的是未利用地,共计 5.51 km²。水域面积的改变主要是因为太阳山供水工程实施后,刘家沟水库正常蓄水位升高,形成了刘家沟水库淹没区。同时,暖泉湖、景观湖及盐湖收纳水量增大,工程退水对区域苦水河等水系的水量补充,对研究区的水域面积增加提供了常流水量。

11.3　供水工程多维度效益时空演变特征

11.3.1　多维度效益时间变化分析

11.3.1.1　研究区各土地类型的多维度效益基准价值

　　Costanza 等在 1997 年所撰写的《全球生态系统服务价值和自然资本》一文,使人们对于生态系统服务价值估算的原理及方法有了更为清晰科学的认知。环境与生态系统为一种对人类的生活和社会发展至关重要的自然资本,是不可替代的,而人们为使社会经济得到飞速的发展,势必将会对自然资本造成损失,这时应对这部分所造成的损失进行计算。

　　2008 年,谢高地等在 Costanza,对生态系统服务价值研究的基础上,同时对国内多位生态学领域专家进行长达数年的问卷调查后,逐步构成了一个适合对中国生态系统服务价值进行评估的体系。2015 年,谢高地等又将 2008 年提出的当量因子表作为基础,并结合使用遥感影像数据对生物量和净初级生产力(net primary productivity,NPP)的模拟分析,对当量因子表进行了完善,形成了符合中国实际情况,适用于中国生态系统的单位面积服务价值当量表。

　　目前,常用的 3 种服务价值评估方法各有优缺点,3 种方法的主要特征是计算出的都是静态服务价值,而静态服务价值只能评估某个地区某个时段的价值,不能突出随着社会发展变化和生态资源变化而引起的服务价值的变化。同时,由于不同区域所处的自然条件、地形地貌、资源稀缺程度不同,所形成的服务价值会有很大的区别,所以在计算服务价值时同时要考虑到空间异质性。

　　想要更加准确真实地进行太阳山供水工程对受水区的多维度服务价值评估,应该在静态服务价值评估的基础上,根据研究区的具体研究背景,考虑从空间尺度与时间的多维度尺度两方面对当量因子系数进行调整,建立符合太阳山供水工程受水区的多维度效益价值动态估算方法。

　　本研究采用谢高地等关于中国生态系统单位面积生态服务价值当量表作为太阳山供水工程受水区各土地利用类型基准价格的计算依据,如表 11.3-1 所示。依据太阳山供水工程受水区实际情况,在参照谢高地等的中国生态系统单位面积服务价值当量表的基础上,构建符合太阳山供水工程受水区实际情况的单位面积土地多维度效益价值当量因子表。

　　根据太阳山供水工程受水区下垫面土地利用类型的实际情况和 2004 年、2008 年、2015 年、2020 年不同年份间社会发展与经济情况不同,采用防止成本法来测算研究区的

表 11.3-1　太阳山供水工程多维度效益的动态价值变化

生态系统分类		供给服务			调节服务				支持服务			文化服务
一级分类	二级分类	食物生产	原料生产	水资源供给	气体调节	气候调节	净化环境	水文调节	土壤保持	维持养分循环	生物多样性	美学景观
农田	旱地	0.85	0.4	0.02	0.67	0.36	0.10	0.27	1.03	0.12	0.13	0.06
	水田	1.36	0.09	-2.63	1.11	0.57	0.17	2.72	0.01	0.19	0.21	0.09
	针叶	0.22	0.52	0.27	1.70	5.07	1.49	3.34	2.06	0.16	1.88	0.82
森林	真阔混交	0.31	0.71	0.37	2.35	7.03	1.99	3.51	2.86	0.22	2.60	1.14
	阔叶	0.29	0.66	0.34	2.17	6.50	1.93	4.74	2.65	0.20	2.41	1.06
	灌木	0.19	0.43	0.22	1.41	4.23	1.28	3.35	1.72	0.13	1.57	0.69
其他农用地	草原	0.10	0.14	0.08	0.51	1.34	0.44	0.98	0.62	0.05	0.56	0.25
	灌草丛	0.38	0.56	0.31	1.97	5.21	1.72	3.82	2.40	0.18	2.18	0.96
	草甸	0.22	0.33	0.18	1.14	3.02	1.00	2.21	1.39	0.11	1.27	0.56
湿地	湿地	0.51	0.50	2.59	1.90	3.60	3.60	24.23	2.31	0.18	7.87	4.73
荒漠	荒漠	0.01	0.03	0.02	0.11	0.10	0.31	0.21	0.13	0.01	0.12	0.05
	裸地	0.00	0.00	0.00	0.02	0.00	0.10	0.03	0.02	0.00	0.02	0.01
水域	水系	0.80	0.23	8.29	0.77	2.29	5.55	102.24	0.93	0.07	2.55	1.89
	冰川积雪	0.00	0.00	2.16	0.18	0.54	0.16	7.13	0.00	0.00	0.01	0.09

气体调节功能、气候调节功能、净化环境功能，采用旅行费用法计算研究区旅游休闲功能。建设用地 2004 年、2008 年、2015 年、2020 年的太阳山供水工程多维度效益的价值当量因子如表 11.3-2 和表 11.3-3 所示。

表 11.3-2　研究区单位面积土地多维度效益价值当量因子(经济、社会效益)

功能类别	符号	指标	符号	含义	当量因子
经济效益	A	工业供水	A1	可以直接使用供给工业用水部门的水资源,包括太阳山工业园区(A1-1)、盐池工业园区(A1-2)、同心工业园区(A1-3)、萌城工业园区(A1-4)、马家滩矿区(A1-5)	0.67
		生活供水	A2	可以直接使用供给生活用水部门的水资源,包括太阳山镇(A2-1)、盐池县(A2-2)、同心工业园区(A2-3)、萌城工业园区(A2-4)、马家滩矿区(A2-5)、白土岗养殖基地(A2-6)、红寺堡区(A2-7)	0.16
		规模化养殖供水	A3	可以直接使用供给规模化养殖产业用水部门的水资源,主要为白土岗养殖基地(A3-1)	0.13
		公共绿化供水	A4	太阳山开发区公共绿化用水(A4-1)、白土岗养殖基地绿化用水(A4-2)	0.04
社会效益	B	旅游休闲	B1	为人类提供观赏、娱乐、旅游的场所的功能价值	0.02
		景观美学	B2	应用自然材料,通过艺术加工所造成的各种景色	0.03
		科研教育	B3	为人类提供科研平台、教育基地的功能价值	0.07
		文化传承	B4	将太阳山供水工程及其周边地区的文化传递和承接下去	0.03
		公共健康	B5	通过太阳山供水工程改善水质提升周边地区居民的健康水平	0.22
		政治服务	B6	水资源战略储备、供水保证率的提高、经济发展的辐射带动作用等产生的政治效益	0.15
		社会经济	B7	社会、经济、教育、科学技术及生态环境等领域,涉及人类活动的各个方面和生存环境的诸多复杂因素的系统	0.58

表 11.3-3　研究区单位面积土地多维度效益价值当量因子表(生态效益)

功能类别	符号	指标	符号	含义	备注
生态效益	C	水资源贮存	C1	水库、湖面贮存水源并调节和补充周围湿地径流及地下水	0.32
		水质净化	C2	水环境通过一系列物理和生化过程对进入其中的污染物进行吸附、转化以及生物降解等使水体得到净化的生态效应	0.12
		空气净化	C3	生态系统吸收、阻滤和分解大气中的污染物,如 SO_2、NO_X、粉尘等,有效净化空气,改善大气环境	0.05
		固碳释氧	C4	植物通过光合作用将 CO_2 转化为碳水化合物,并以有机碳的形式固定在植物体内或土壤中,同时产生 O_2 的功能,包括固碳(B5-1)、释氧(B5-2)	0.02
		防止土壤侵蚀	C5	生态系统通过其结构与过程减少水流的侵蚀能量,减少土壤流失	0.06
		气候调节	C6	生态系统通过植被蒸腾作用和水面蒸发过程使大气温度降低、湿度增加的生态效应	0.02
		水源涵养	C7	生态系统通过其结构和过程拦截滞蓄降水,增强土壤下渗,有效涵养土壤水分和补充地下水,调节河川流量	0.07
		减少噪声	C8	林地、花坛绿篱、灌木草坪等对噪声的消减作用	0.01
		维持生物多样性	C9	包括物种多样性、遗传多样性和生态系统多样性,它维持了自然界的平衡,给人类的生存创造了良好的条件	0.11
		维持养分循环	C10	指养分元素在植物、动物、环境之间往复的过程	0.07
		控制降落漏斗	C11	主要通过避免产生大规模的地下水降落漏斗,从而避免一系列的地质灾害	0.06
		生物栖息地	C12	构成适宜于动物居住的某一特殊场所,它能够提供食物和防御捕食者等条件	0.09

11.3.1.2　多维度效益总价值变化

本研究根据太阳山供水工程受水区实际情况,在得到的工程多维度的静态效益价值的基础上,考虑工程受水区空间异质系数、社会发展系数以及资源稀缺系数,利用这3个动态调整指标,更加科学准确地计算出工程受水区的2004—2020年多维度效益的动态价值。最终太阳山供水工程受水区多维度效益价值及其变化情况如表11.3-4和图11.3-1所示。

表 11.3-4　太阳山供水工程受水区多维度效益的动态价值变化

土地总价值利用类型		林草地	耕地	建设用地	水域	其他用地	合计
多维度 效益总 价值/亿元	2004 年	3.87	12.40	49.09	5.80	0.50	71.66
	2008 年	5.54	15.70	72.35	8.31	0.72	102.62
	2015 年	9.95	22.67	135.47	14.93	1.29	184.31
	2020 年	14.06	19.01	204.41	21.09	1.82	260.39
2004— 2008 年	效益变化/亿元	1.67	3.3	23.26	2.51	0.22	30.96
	变化率/%	43.15	26.61	47.38	43.28	44.00	43.20
2008— 2020 年	效益变化/亿元	8.52	3.31	132.06	12.78	1.1	157.77
	变化率/%	153.79	21.08	182.53	153.79	152.78	153.74
2004— 2020 年	效益变化/亿元	10.19	6.61	155.32	15.29	1.32	188.73
	变化率/%	263.31	53.31	316.40	263.62	264.00	263.37

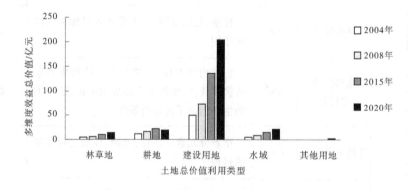

图 11.3-1　太阳山供水工程受水区各土地利用类型多维度效益价值变化趋势

由表11.3-4及图11.3-1可知,2004年、2008年、2015年、2020年的多维度效益价值总量分别为71.66亿元、102.62亿元、184.31亿元、260.39亿元。可以看出,2004—2020

年,太阳山供水工程受水区的多维度效益价值变化显著,主要是这段研究期内受水区社会经济发展相对较快,土地利用类型在这 19 年间变化明显。从 2008 年开始多维度效益价值呈现 1.5 倍以上的增长趋势,这是由于太阳山供水工程的实施,以及研究区本身的地形地貌特征,促使受水区的土地规划战略是以工业园区建设、城镇发展以及规模养殖业发展为重点的空间布局,坚持"在保护中开发、在开发中保护"的指导方针,贯彻环境优先的理念,正确处理土地利用与环境保护的关系,实现太阳山供水工程受水区土地资源的可持续利用。

　　根据图 11.3-1,建设用地、林草地、耕地、水域、其他用地的多维度效益价值逐年增高,建设用地提供的多维度效益价值呈显著增加趋势,在这 5 类土地利用类型中增长趋势最明显,从 2004—2020 年价值增长了 155.32 亿元。

11.3.2　多维度效益空间变化分析

　　根据太阳山供水工程受水区 2004 年、2008 年、2015 年、2020 年 ENVI 监督分类和人机交互解译后的土地利用数据,在 ArcGIS 中使用渔网工具将研究区分为 1 km×1 km 网格,并计算太阳山供水工程受水区 1 km×1 km 网格上多维度效益价值的空间分布,如图 11.3-2~图 11.3-5 所示。

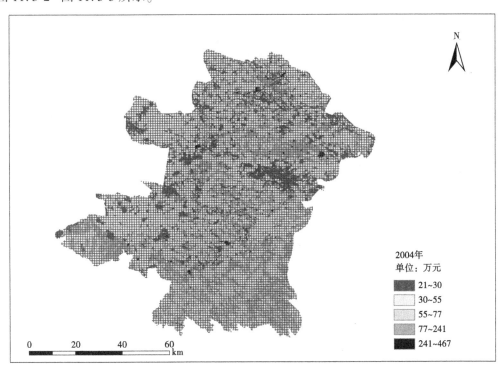

图 11.3-2　太阳山供水工程受水区多维度效益价值 2004 年空间分布变化特征图

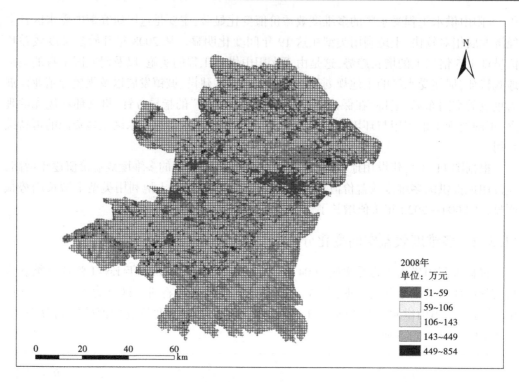

图 11.3-3　太阳山供水工程受水区多维度效益价值 2008 年空间分布变化特征图

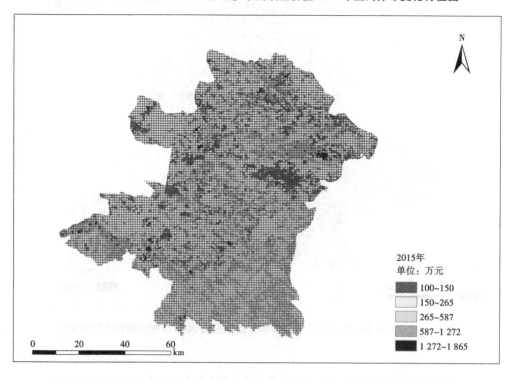

图 11.3-4　太阳山供水工程受水区多维度效益价值 2015 年空间分布变化特征图

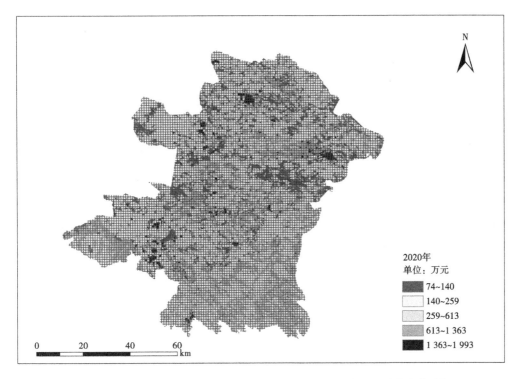

图 11.3-5　太阳山供水工程受水区多维度效益价值 2020 年空间分布变化特征图

由图 11.3-2~图 11.3-5 可看出,整体上,2004—2020 年太阳山供水工程受水区单个 1 km×1 km 网格上的多维度效益价值呈增长趋势。研究区范围内绝大部分为林草地,单个 1 km×1 km 网格上的多维度效益价值 2004 年为 30 万~55 万元,2008 年增长为 59 万~106 万元,2015 年为 150 万~265 万元,2020 年为 140 万~259 万元。林草地、水域在受水区生态环境系统功能中主要承担调节功能,不仅进行气体、气候、水文调节,净化环境,同时能起到土壤保持的作用,注重保护林业、草业资源,使得近 20 年林草地的生态系统服务价值稳步上升。

2004—2020 年,水域面积逐渐扩大,这是太阳山供水工程的实施和刘家沟水库大坝加高蓄水,以及暖泉湖、盐湖等景观湖面增加,使得水域面积增大。水域在太阳山供水工程受水区生态系统服务价值中至关重要,在供给服务、调节服务、支持服务、文化服务等方面贡献巨大。如图 11.3-5 所示,水域所在的 1 km×1 km 网格上服务价值呈现逐渐增加的趋势,2020 年单个网格上服务价值达到 259 万~613 万元。

11.3.3　多维度效益敏感性分析

为了验证太阳山供水工程所产生的多维度效益价值计算结果的准确性和科学性,本研究采用服务价值敏感性分析方法,通过敏感性指数(CS)来验证进行动态调整后价值系数的准确性和受水区各系统类型与土地利用类型之间对应关系的代表性,进而确定随时间变化后供水工程多维度效益价值对价值系数的依赖程度。敏感性分析计算公式如下:

$$CS = \left[\frac{(ESV' - ESV)/ESV}{(VC' - VC)/VC} \right] \qquad (11\text{-}2)$$

式中　CS——敏感性指数;

VC, VC'——调整前后某种地类的多维度效益价值系数,元/hm^2;

ESV, ESV'——调整前后某种地类的多维度效益价值,元。

若 CS>1,表明 ESV 对 VC 是富有弹性的,说明评估结果可信度较低;若 CS<1,表明 ESV 对 VC 不敏感,缺乏弹性,即太阳山供水工程受水区动态调整后的 ESV 是合理的,评估结果可信度高。

根据上述公式计算出太阳山供水工程受水区 2004 年、2008 年、2015 年和 2020 年的敏感性指数。本研究将各种土地利用类型的多维度效益价值系数分别上下调整了 50%,然后运用调整后的多维度效益价值系数对太阳山供水工程受水区 2004—2020 年的多维度效益总价值进行估算,估算结果及其敏感性指数及其变化趋势见表 11.3-5 和图 11.3-6。

表 11.3-5　太阳山供水工程受水区价值系数对多维度效益价值的敏感指数

价值系数	敏感性指数(CS)			
	2004 年	2008 年	2015 年	2020 年
耕地 VC±50%	0.024 2	0.026 7	0.034 4	0.035 7
林草地 VC±50%	0.585 1	0.599 6	0.702 6	0.702 6
其他用地 VC±50%	0.030 5	0.029 4	0.028 2	0.032 1
建设用地 VC±50%	0.024 3	0.032 3	0.026 4	0.019 3
水域 VC±50%	0.384 9	0.377 1	0.261 7	0.248 8

根据表 11.3-6,太阳山供水工程受水区 2004 年、2008 年、2015 年、2020 年各个土地利用类型的敏感性指数均小于 1,说明本研究经过动态调整后的价值系数计算的多维度效益价值结果可靠。耕地、其他用地、建设用地的敏感性指数均小于 0.1,其中 2020 年建设用地敏感性指数达到最低值 0.019 3,表明当建设用地价值系数增加 1% 时,总服务价值会增加 0.019 3,这说明价值系数的准确性对多维度效益总价值的影响不大。水源区林草地占地面积大,价值系数最高,在各土地利用类型中,林草地的敏感性指数最高,在 2020 年林草地敏感性指数达到 0.702 6,2004—2020 年林草地的敏感性指数从 0.585 1 增长到 0.702 6,主要是因为林草地面积逐年增加。由于受刘家沟水库加高工程的影响,水域的敏感性指数 CS 从 0.384 9 减小到 0.248 8。建设用地的敏感性指数从 2004—2020 年呈现"增加—减少—减少"的趋势。

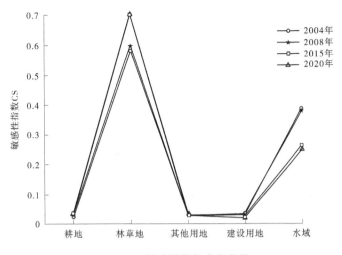

图 11.3-6　敏感性指数变化曲线

第 12 章 供水工程多维度效益演变关键驱动机制

太阳山供水工程多维度效益价值的大小变化受多种因素共同影响,由于大多数针对供水工程多维度效益价值驱动机制的研究并不完善,探索因子较少,方法较简单,多侧重于人为因素的影响。但是供水工程多维度效益价值不仅受到人为因素影响,同时受到自然因素的影响。本研究考虑植被覆盖、土壤类型、DEM、坡度、坡向、年降水量、气温等自然因素,探索影响太阳山供水工程多维度效益价值的主要驱动因素。同时考虑人口密度、年末总人口、生产总值(GDP)、第一产业 GDP、第二产业 GDP 等社会经济因素。2004—2020 年间,随着城市化的快速发展,建设用地的面积剧增,都对太阳山供水工程多维度效益价值造成巨大影响。因此,本章在太阳山供水工程多维度效益价值空间分异化的研究基础上,选择地理探测器模型,对上述自然因素和社会经济因素进行探测,以便更好地揭示太阳山供水工程多维度效益价值的驱动机制。

12.1 地理探测器研究原理

地理探测器模型是利用和探测空间分异性特点的工具。为了更好地探索空间分异性的特点以及揭示它的驱动因子,王劲峰等在 2017 年提出了一种利用空间层面的数据来揭示此规律的方法。地理探测器基于的假设条件为:如果两种或多种变量之间存在相关影响,那么它们在空间上也遵循相同的分布及规律,具有相似性。地理探测器有两大优势:①对于数值类数据和定性数据,地理探测器都可以处理;②此方法不仅可以分析一种变量对研究对象的驱动作用,还可以探测两种变量交互作用时对研究对象的驱动作用。地理探测器模型包括 4 个探测器部分:分异因子探测、交互作用探测、生态探测及风险区探测。

本研究主要采用分异因子探测和交互作用探测对太阳山供水工程多维度效益价值的自然因子和社会因子的驱动影响进行探测。

太阳山供水工程多维度效益价值驱动因子地理探测器示意见图 12.1-1。

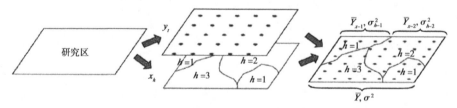

图 12.1-1 太阳山供水工程多维度效益价值驱动因子地理探测器示意

12.1.1　分异因子探测

太阳山供水工程多维度效益分异因子探测:主要探测太阳山供水工程受水区多维度效益价值的空间分异性;同时探测多种自然因子及社会因子对受水区多维度效益价值的影响程度和空间分布的相似程度。具体公式如下:

$$q = 1 - \frac{\sum_{h=1}^{L} N_h \sigma_h^2}{N\sigma^2} = 1 - \frac{\text{SSW}}{\text{SST}} \tag{12-1}$$

$$\text{SSW} = \sum_{h=1}^{L} N_h \sigma_h^2, \text{SST} = N\sigma^2 \tag{12-2}$$

式中　q——太阳山供水工程受水区多维度效益价值空间分异性驱动因子探测力;

　　　h——研究对象或驱动因子的分层或分类,$h = 1,2,\cdots,L$;

　　　N——研究范围内的所有单元数和整个研究范围的方差;

　　　SSW——层内 h 的方差之和;

　　　SST——研究范围内总方差。

分异因子探测通过计算 q 值来反映驱动因子对太阳山供水工程受水区多维度效益价值的影响解释力的强弱,q 值介于 0 和 1 之间,q 值为 0 则代表驱动因子对太阳山供水工程受水区多维度效益价值没有任何影响效果。q 值越大则代表驱动因子对太阳山供水工程受水区多维度效益价值的解释力越强,反之则越弱。

12.1.2　交互作用探测

太阳山供水工程多维度效益交互作用探测:可用来探测两种驱动因子交互作用时对研究对象的驱动效果的强弱。两种驱动因子交互作用时是否增强或减弱了单因子对太阳山供水工程受水区多维度效益价值的解释力,交互作用两因子关系类型见表 12.1-1。

表 12.1-1　太阳山供水工程受水区多维度效益价值交互作用两因子关系类型

判断依据	交互作用
$q(A \cap B) \text{Min}[q(A),q(B)]$	非线性减弱
$\text{Min}[q(A),q(B)]q(A \cap B)\text{Max}[q(A),q(B)]$	单因子非线性减弱
$q(A \cap B)\text{Max}[q(A),q(B)]$	双因子增强
$q(A \cap B)q(A)q(B)$	独立
$q(A \cap B)q(A)q(B)$	非线性增强

12.2　数据选取与处理

12.2.1　工程多维度效益价值网格化

采用太阳山供水工程区受水区 2004 年、2008 年、2015 年、2020 年 ENVI 监督分类和人机交互解译后的土地利用数据,在 ArcGIS 中使用渔网工具将研究区分为 1 km×1 km 的网格,利用 3D 分析转换工具,对 4 期土地利用数据建立栅格表面,然后提取栅格范围。将转换好的数据进行面积制表,计算出每个 1 km×1 km 的网格上各部分土地类型的面积。根据太阳山供水工程受水区多维度效益价值当量系数乘以耕地、林草地、其他用地、建设用地、水域等用地类型面积,添加字段计算食物生产、原料生产、水资源供给、气体调节、气候调节、净化环境、水文调节、土壤保持、维持养分循环、生物多样性、美学景观等多种服务功能的价值,再将所有服务功能的多维度价值相加,算出水源区 1 km×1 km 网格上的太阳山供水工程受水区多维度效益价值。最终显示结果如图 12.2-1 所示。

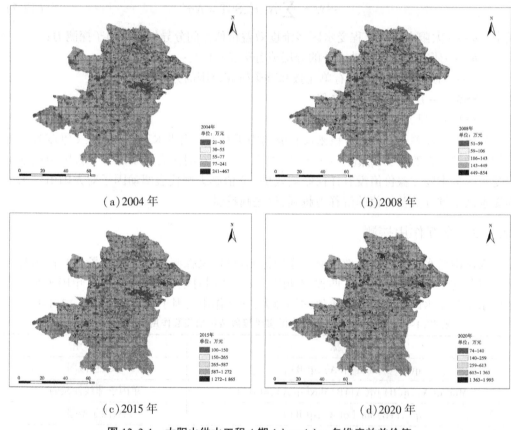

(a)2004 年 (b)2008 年

(c)2015 年 (d)2020 年

图 12.2-1 太阳山供水工程 4 期 1 km×1 km 多维度效益价值

由图 12.2-1 可知,整体上而言,1 km×1 km 网格上太阳山供水工程受水区多维度效益价值位于 21 万~1 993 万元;建设用地、耕地、水域用地 1 km×1 km 网格上太阳山供水工程受水区多维度效益价值大多位于 55 万~1 993 万元,属于高分类的多维度效益价值;现状年水域部分的 1 km×1 km 网格上太阳山供水工程受水区多维度效益价值处于 259 万~613 万元,在整个太阳山供水工程受水区多维度效益价值中居于较高水平,这是因为水域在水源区生态系统中水资源供给功能、净化环境功能、水文调节功能、生物多样性功能方面的多维度效益服务价值都较为突出;受水区大多为草地、林地,研究区草地、林地面积占研究区范围 60%以上,1 km×1 km 网格上太阳山供水工程受水区多维度效益价值位于 30 万 ~ 259 万元,草地、林地提供的受水区多维度效益价值功能中气候调节功能较为显著。

12.2.2　驱动因子的选取

自然环境因素、社会经济因素、宏观政策因素都会对太阳山供水工程受水区多维度效益价值造成影响,本研究选取植被覆盖类型、土壤类型、DEM、坡度、坡向、年降水量、年均气温等主要自然因素,探索对太阳山供水工程受水区多维度效益价值的主要驱动因素。选取人口密度、年末总人口、GDP、第一产业 GDP、第二产业 GDP 等社会经济因素。社会经济和宏观政策因素主要通过改变耕地、建设用地的土地利用类型对生态系统服务功能造成变化,最终推动太阳山供水工程受水区多维度效益价值的变化。

本研究使用的植被覆盖类型、土壤类型、年降水量、年均气温数据在中国科学院地理科学与资源研究所平台获取,人口密度、年末总人口、GDP、第一产业 GDP、第二产业 GDP 数据根据吴忠市、各区(县)历年统计年鉴以及相关文献资料获取。

12.2.2.1　自然环境因素

植被覆盖类型、土壤类型、DEM、坡度、坡向、年降水量、年均气温等自然条件是影响水源区生态系统服务价值的主要驱动力,植被覆盖类型是在《中国 100 万植被类型空间数据》中获取的,土壤类型是在《中国土壤类型空间分布数据》中获取的。

12.2.2.2　社会经济因素

社会经济和人类活动会影响到水源区人口数量和分布情况,同时社会经济的发展会造成城镇周边土地利用类型和功能发生变化,城镇化进程的加快,会使得周边范围内林草地、耕地、水域面积等土地利用类型的减少,降低区域的生态系统服务价值。本研究选取太阳山供水工程受水区内人口密度、年末总人口、GDP、第一产业 GDP、第二产业 GDP 数据作为社会经济驱动指标。

12.2.2.3　宏观政策因素

太阳山供水工程受水区涉及的盐池县、灵武市、红寺堡区、同心县以及太阳山开发区均注重环境保护。盐池县为“三北”防护林体系重点县,2002 年率先在全区实行封山禁牧,目前全县林木覆盖度达到 31%,植被覆盖度达到 70%,先后被评为全国防沙治沙先进县、全国绿化先进县、国家园林县城、国家卫生县城,同时是中国滩羊之乡、甘草之乡。灵武市资源富集,煤炭、天然气、石油等资源丰富,是国家级宁东能源化工基地、国家城市矿产示范基地、国家优质粮食生产加工基地、国家优质果品(灵武长枣)基地、国家羊肉生产加工基地、国际精品羊绒生产加工基地。红寺堡区拥有中部干旱带最大的水源涵养地,群峰叠翠,风光秀丽,素有“荒漠翡翠”“瀚海明珠”之美誉。罗山富含珍贵树种的森林,近百种国家级、省级重点保护动植物稀有而珍贵,具有极高的保护、观赏和研究价值,大力发展“3+X”产业(葡萄、枸杞、草畜三大主导产业,瓜果、蔬菜等特色产业)。同心县有机枸杞、肉牛滩羊、清洁能源、文化旅游等“六新六特六优”产业优势突出。

12.2.3　驱动因子的处理

将获取到的多种驱动因子数据导入 ArcGIS 中进行数据前处理。使用 GIS 工具提取分析对驱动因子数据进行掩膜处理,对掩膜后的驱动因子进行重分类。其中,坡度、坡向、年均气温、降水量栅格数据通过自然间断点分级的方法分成5类。植被覆盖类型根据《中国100万植被类型空间数据》植被类型代码表分为针叶林、阔叶林、灌丛、草丛。土壤类型根据《中国土壤类型空间分布数据》土壤类型代码表分为黄棕壤、黄褐土、暗棕壤、石灰、石质、粗骨土。在ArcGIS中利用创建渔网工具对太阳山供水工程受水区建立1 km×1 km的网格,取每个网格的中心点为取样点,如图12.2-2所示。

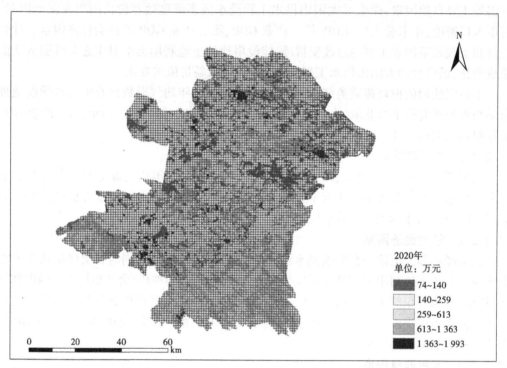

图 12.2-2　太阳山供水工程四期 1 km×1 km 网格采样点

利用 ArcGIS 工具 Spatial Analyst 中提取分析的采样对植被覆盖、土壤类型、DEM、坡度、坡向、年降水量、气温等自然环境因素,人口密度、年末总人口、GDP、第一产业 GDP、第二产业 GDP 等社会经济因素进行 1 km×1 km 的网格采样。将最终采样结果删除异常值后导入地理探测器模型中进行运算。

12.3　关键驱动机制解析

12.3.1　分异因子探测

通过地理探测器的分异因子探测,得到太阳山供水工程受水区多维度效益价值单个驱动因子的空间分异的影响程度和植被覆盖、土壤类型、DEM、坡度、坡向、年降水量、年均气温等自然环境因素,人口密度、年末总人口、生产总值、第一产业 GDP、第二产业 GDP

等社会经济因素对太阳山供水工程受水区多维度效益价值演变影响的重要性差异。

太阳山供水工程受水区多维度效益价值空间分异驱动因子探测结果见表 12.3-1。

表 12.3-1　太阳山供水工程受水区多维度效益价值空间分异驱动因子探测结果

探测因子	2004 年	2008 年	2015 年	2020 年
	q 统计量	q 统计量	q 统计量	q 统计量
植被覆盖（D1）	0.202	0.184	0.166	0.153
土壤类型（D2）	0.084	0.061	0.054	0.056
高程（D3）	0.007	0.006	0.007	0.006
坡度（D4）	0.121	0.114	0.124	0.127
坡向（D5）	0.005	0.006	0.004	0.004
年降水量（D6）	0.033	0.032	0.026	0.035
年均气温（D7）	0.016	0.028	0.012	0.022
人口密度（D8）	0.078	0.082	0.104	0.105
年末总人口（D9）	0.062	0.062	0.092	0.103
生产总值（D10）	0.062	0.122	0.127	0.126
第一产业 GDP（D11）	0.061	0.096	0.102	0.104
第二产业 GDP（D12）	0.057	0.108	0.106	0.113

通过表 12.3-1 可知，2004 年、2008 年、2015 年、2020 年地理探测分异因子结果显示，自然环境要素和社会经济要素共同影响着太阳山供水工程受水区多维度效益价值的空间分布，造成太阳山供水工程受水区多维度效益价值空间分异上差异。2020 年，各驱动因子指标对太阳山供水工程受水区多维度效益价值影响的程度由大到小依次为植被覆盖>生产总值>坡度>第二产业 GDP>人口密度>第一产业 GDP>年末总人口>土壤类型>年降水量>年均气温>高程>坡向；2015 年，各个驱动因子指标对太阳山供水工程受水区多维度效益价值影响程度的由大到小依次为植被覆盖>生产总值>坡度>第二产业 GDP>人口密度>第一产业 GDP>年末总人口>土壤类型>年降水量>年均气温>高程>坡向；2008 年，各个驱动因子指标对太阳山供水工程受水区多维度效益价值影响的程度由大到小依次为植被覆盖>生产总值>坡度>第二产业 GDP>第一产业 GDP>人口密度>年末总人口>土壤类型>年降水量>年均气温>高程>坡向；2004 年，各个驱动因子指标对太阳山供水工程受水区多维度效益价值影响的程度由大到小依次为植被覆盖>坡度>土壤类型>人口密度>年末总人口>生产总值>第一产业 GDP>第二产业 GDP>年降水量>年均气温>高程>坡向。

根据这 4 期 12 种驱动因子指标对太阳山供水工程受水区多维度效益价值影响程

度可以看出,自然环境因素中,植被覆盖对太阳山供水工程受水区多维度效益价值的驱动力最大,2004 年 q 统计值达到 0.2 以上,其余各年均居于首位;坡度、土壤类型也是对太阳山供水工程受水区多维度效益价值演变的主要驱动力。在社会经济因素中,生产总值、人口密度、第二产业 GDP 是影响太阳山供水工程受水区多维度效益价值变化的主要驱动力。

太阳山供水工程受水区具有独特的气象特征及地理位置,草地、林地覆盖面积占比较高,因此供水工程受水区多维度效益价值变化受自然因素驱动影响较大,随着社会经济的快速发展,城镇化、工业化进程加快,生产总值的驱动值从 2004 年 0.062 增长到 2020 年 0.126;人口密度的驱动值从 2004 年 0.078 增长到 2020 年 0.105;社会经济因素对太阳山供水工程受水区多维度效益价值变化的驱动力逐渐增强。2004—2008 年,受水区城镇化发展相对较缓慢,人民主要靠耕地为生,工业发展主要为轻工业,在 2004 年时,第一产业 GDP 的驱动值略大于第二产业 GDP,到 2008 年后,第二产业 GDP 一路赶超,驱动值均大于第一产业 GDP。

整体上,研究期内,自然环境因素和社会经济因素在不同程度驱动着太阳山供水工程受水区多维度效益价值。自然环境因素中的植被覆盖、坡度、土壤 3 种指标对太阳山供水工程受水区多维度效益价值的驱动影响比较大,其中植被覆盖在各个驱动因子中驱动影响最大,处于主导地位,这表明植被覆盖与太阳山供水工程受水区多维度效益价值在空间分布上具有极大的相似性,因而对太阳山供水工程受水区多维度效益价值影响程度较大,应结合当地政府的相应政策措施,保护当地的森林植被,扩大草地和林地面积,加快促进生态系统功能的优化。在社会经济因素中,生产总值、人口密度、第二产业 GDP 3 种指标对太阳山供水工程受水区多维度效益价值的驱动影响比较大,表明建设用地的逐年增加,以及工业企业发展对太阳山供水工程受水区多维度效益价值变化至关重要,需要注意的是,在发展经济、城镇化建设等规划实施前,应尽最大可能保护环境,考虑受水区生态系统的可持续发展。

12.3.2　交互因子探测

太阳山供水工程受水区多维度效益价值的变化不仅仅是单个驱动因子的作用,往往是多个因子共同作用的结果,通过地理探测器交互作用的探测,来判断植被覆盖、土壤类型、DEM、坡度、坡向、年降水量、气温等 7 种自然环境因素,人口密度、年末总人口、生产总值(GDP)、第一产业 GDP、第二产业 GDP 等 5 种社会经济因素两两交互作用时对太阳山供水工程受水区多维度效益价值的影响。

12.3.2.1　2004 年交互探测结果

评估 12 种自然环境、社会经济因素两两交互作用时对 2004 年太阳山供水工程受水区多维度效益价值变化的驱动力,根据表 12.3-2 可以看出,驱动因子间两两相互作用时驱动力均比单一因子驱动力增强。

表 12.3-2　2004 年太阳山供水工程受水区多维度效益价值驱动因素交互作用探测结果

交互作用	交互值	交互结果	交互作用	交互值	交互结果	交互作用	交互值	交互结果
D1~D2	0.316	非线性增强	D3~D5	0.012	双因子增强	D5~D12	0.064	双因子增强
D1~D3	0.218	双因子增强	D3~D6	0.244	非线性增强	D6~D7	0.043	双因子增强
D1~D4	0.408	非线性增强	D3~D7	0.020	双因子增强	D6~D8	0.091	双因子增强
D1~D5	0.214	双因子增强	D3~D8	0.233	非线性增强	D6~D9	0.096	双因子增强
D1~D6	0.319	非线性增强	D3~D9	0.067	双因子增强	D6~D10	0.135	非线性增强
D1~D7	0.338	非线性增强	D3~D10	0.069	双因子增强	D6~D11	0.164	非线性增强
D1~D8	0.219	双因子增强	D3~D11	0.228	非线性增强	D6~D12	0.083	双因子增强
D1~D9	0.226	双因子增强	D3~D12	0.070	双因子增强	D7~D8	0.088	双因子增强
D1~D10	0.307	非线性增强	D4~D5	0.185	非线性增强	D7~D9	0.074	双因子增强
D1~D11	0.287	非线性增强	D4~D6	0.271	非线性增强	D7~D10	0.075	双因子增强
D1~D12	0.224	双因子增强	D4~D7	0.199	非线性增强	D7~D11	0.070	双因子增强
D2~D3	0.092	双因子增强	D4~D8	0.222	非线性增强	D7~D12	0.073	双因子增强
D2~D4	0.311	非线性增强	D4~D9	0.226	非线性增强	D8~D9	0.092	双因子增强
D2~D5	0.090	双因子增强	D4~D10	0.228	非线性增强	D8~D10	0.161	非线性增强
D2~D6	0.108	双因子增强	D4~D11	0.294	非线性增强	D8~D11	0.100	双因子增强
D2~D7	0.151	非线性增强	D4~D12	0.222	非线性增强	D8~D12	0.179	非线性增强
D2~D8	0.097	双因子增强	D5~D6	0.037	双因子增强	D9~D10	0.143	非线性增强
D2~D9	0.135	双因子增强	D5~D7	0.020	双因子增强	D9~D11	0.073	双因子增强
D2~D10	0.188	非线性增强	D5~D8	0.089	双因子增强	D9~D12	0.076	双因子增强
D2~D11	0.102	双因子增强	D5~D9	0.068	双因子增强	D10~D11	0.084	双因子增强
D2~D12	0.196	非线性增强	D5~D10	0.067	双因子增强	D10~D12	0.146	非线性增强
D3~D4	0.137	非线性增强	D5~D11	0.065	双因子增强	D11~D12	0.099	双因子增强

　　交互作用探测出 2004 年对太阳山供水工程受水区多维度效益价值的驱动力以植被覆盖为主,与其交互作用的土壤类型、年均气温、年降水量、坡度等自然因素,第一产业 GDP 经济发展因素的增强效果明显,该时期主要驱动力偏重于以自然因素为主导。

　　太阳山供水工程受水区整个地势呈阶梯状依次为中山区、浅山区、山谷盆地、丘陵地、岗地及冲积平原区。社会发展相对缓慢,村落分布较为分散,多分布在中部地势平坦处,建设用地外围开发大量农田耕地满足生存发展。

12.3.2.2　2008 年交互探测结果

　　根据上述分异因子探测结果,2008 年自然因素依旧对太阳山供水工程受水区多维度效益价值影响占主导,但随着太阳山供水工程受水区经济的快速发展,工业企业迅速崛起,生产总值和第二产业 GDP 的驱动力逐渐显著。2008 年,太阳山供水工程受水区多维度效益价值驱动因素交互作用探测结果见表 12.3-3。

表 12.3-3 2008 年太阳山供水工程受水区多维度效益价值驱动因素交互作用探测结果

交互作用	交互值	交互结果	交互作用	交互值	交互结果	交互作用	交互值	交互结果
D1~D2	0.277	非线性增强	D3~D5	0.016	非线性增强	D5~D12	0.179	非线性增强
D1~D3	0.294	非线性增强	D3~D6	0.240	非线性增强	D6~D7	0.056	双因子增强
D1~D4	0.387	非线性增强	D3~D7	0.033	双因子增强	D6~D8	0.091	双因子增强
D1~D5	0.229	非线性增强	D3~D8	0.090	双因子增强	D6~D9	0.098	双因子增强
D1~D6	0.220	双因子增强	D3~D9	0.070	双因子增强	D6~D10	0.140	双因子增强
D1~D7	0.206	双因子增强	D3~D10	0.234	非线性增强	D6~D11	0.175	非线性增强
D1~D8	0.253	双因子增强	D3~D11	0.110	非线性增强	D6~D12	0.149	双因子增强
D1~D9	0.255	双因子增强	D3~D12	0.161	非线性增强	D7~D8	0.090	双因子增强
D1~D10	0.394	非线性增强	D4~D5	0.187	非线性增强	D7~D9	0.080	双因子增强
D1~D11	0.290	双因子增强	D4~D6	0.204	非线性增强	D7~D10	0.166	非线性增强
D1~D12	0.330	非线性增强	D4~D7	0.193	非线性增强	D7~D11	0.142	非线性增强
D2~D3	0.090	非线性增强	D4~D8	0.211	双因子增强	D7~D12	0.163	非线性增强
D2~D4	0.295	非线性增强	D4~D9	0.228	非线性增强	D8~D9	0.102	双因子增强
D2~D5	0.067	双因子增强	D4~D10	0.307	非线性增强	D8~D10	0.179	双因子增强
D2~D6	0.091	双因子增强	D4~D11	0.299	非线性增强	D8~D11	0.140	双因子增强
D2~D7	0.088	双因子增强	D4~D12	0.296	非线性增强	D8~D12	0.165	双因子增强
D2~D8	0.150	双因子增强	D5~D6	0.039	双因子增强	D9~D10	0.151	双因子增强
D2~D9	0.125	双因子增强	D5~D7	0.030	双因子增强	D9~D11	0.104	双因子增强
D2~D10	0.264	非线性增强	D5~D8	0.092	双因子增强	D9~D12	0.195	非线性增强
D2~D11	0.220	非线性增强	D5~D9	0.070	双因子增强	D10~D11	0.157	双因子增强
D2~D12	0.266	非线性增强	D5~D10	0.196	非线性增强	D10~D12	0.334	非线性增强
D3~D4	0.138	非线性增强	D5~D11	0.142	非线性增强	D11~D12	0.234	非线性增强

　　2008 年之后,太阳山供水工程受水区进一步深化改革,区域经济社会的发展思想从满足温饱转向致富,以经济建设为中心,大力发展经济。生产总值、第一产业、第二产业GDP 对生态系统服务价值的驱动力明显,表明该阶段太阳山供水工程受水区处于工业化快速发展时期,政府大力发展经济,优化农业产业结构,构建农业县工业化道路,以蔬菜种植、水产品、林果业、畜牧业为主导。同时,结合太阳山供水工程受水区区域特点,大力发展旅游业,带动太阳山供水工程受水区经济发展。

　　前期,太阳山供水工程受水区有助于轻工业产业发展,结合农业产业化带动经济发展,满足人口生存和发展需求,旅游业的兴起也为太阳山供水工程受水区经济发展带来动力支持。工业化进程的加快,使得建设用地向外围进一步扩张,小型村落连接一片,建设用地呈现片状区域发展格局,进一步促进工业化发展对太阳山供水工程受水区多维度效益价值的影响。

12.3.2.3　2015 年交互探测结果

受水区城市建设快速发展,使得大量农村人口向城镇聚集,通过人口密集程度来体现建设用地范围,根据上述分异因子探测结果,2015 年生产总值和人口密度对水源区生态系统服务价值影响起着至关重要的作用,表明建设用地在 2004—2015 年间对太阳山供水工程受水区多维度效益价值的驱动力进一步增强。该期间驱动因素间两两交互的驱动作用均增强。2015 年,太阳山供水工程受水区多维度效益价值驱动因素交互作用探测见表 12.3-4。

表 12.3-4　2015 年太阳山供水工程受水区多维度效益价值驱动因素交互作用探测结果

交互作用	交互值	交互结果	交互作用	交互值	交互结果	交互作用	交互值	交互结果
D1~D2	0.202	双因子增强	D3~D5	0.011	双因子增强	D5~D12	0.178	双因子增强
D1~D3	0.189	非线性增强	D3~D6	0.179	非线性增强	D6~D7	0.040	非线性增强
D1~D4	0.204	双因子增强	D3~D7	0.022	非线性增强	D6~D8	0.142	双因子增强
D1~D5	0.197	非线性增强	D3~D8	0.116	双因子增强	D6~D9	0.118	双因子增强
D1~D6	0.208	非线性增强	D3~D9	0.123	非线性增强	D6~D10	0.149	非线性增强
D1~D7	0.211	非线性增强	D3~D10	0.227	非线性增强	D6~D11	0.175	非线性增强
D1~D8	0.304	非线性增强	D3~D11	0.127	非线性增强	D6~D12	0.149	非线性增强
D1~D9	0.292	非线性增强	D3~D12	0.131	非线性增强	D7~D8	0.133	非线性增强
D1~D10	0.307	双因子增强	D4~D5	0.144	非线性增强	D7~D9	0.141	非线性增强
D1~D11	0.290	非线性增强	D4~D6	0.199	非线性增强	D7~D10	0.155	非线性增强
D1~D12	0.301	非线性增强	D4~D7	0.207	非线性增强	D7~D11	0.129	非线性增强
D2~D3	0.058	双因子增强	D4~D8	0.198	双因子增强	D7~D12	0.158	非线性增强
D2~D4	0.269	非线性增强	D4~D9	0.219	双因子增强	D8~D9	0.308	双因子增强
D2~D5	0.088	非线性增强	D4~D10	0.300	非线性增强	D8~D10	0.226	非线性增强
D2~D6	0.091	非线性增强	D4~D11	0.306	非线性增强	D8~D11	0.250	非线性增强
D2~D7	0.066	双因子增强	D4~D12	0.298	非线性增强	D8~D12	0.281	非线性增强
D2~D8	0.187	非线性增强	D5~D6	0.031	双因子增强	D9~D10	0.282	非线性增强
D2~D9	0.160	非线性增强	D5~D7	0.016	双因子增强	D9~D11	0.210	双因子增强
D2~D10	0.256	非线性增强	D5~D8	0.133	非线性增强	D9~D12	0.186	双因子增强
D2~D11	0.270	非线性增强	D5~D9	0.145	非线性增强	D10~D11	0.144	非线性增强
D2~D12	0.253	非线性增强	D5~D10	0.195	非线性增强	D10~D12	0.264	非线性增强
D3~D4	0.133	双因子增强	D5~D11	0.107	双因子增强	D11~D12	0.232	双因子增强

2008—2015 年期间,太阳山供水工程受水区社会经济快速发展,以农业发展为基础,工业和生态旅游业进入蓬勃发展阶段,工业的发展使得城镇和农村连接,农村逐渐走向城镇化。

大量工业用地集聚,对环境造成一定影响,影响区域生态系统,由于建设用地的需求不能满足当时的生存发展要求,太阳山供水工程受水区依靠中心城区向周边辐射,带动外围农村发展,形成城乡一体发展,建设用地面积增加。人口的增加和建设用地的扩张,对太阳山供水工程受水区多维度效益价值的驱动显著。

12.3.2.4 2020年交互探测结果

太阳山供水工程受水区到2020年以后,城市发展对供水工程受水区多维度效益价值影响比重越来越大,社会经济发展因素逐渐赶超自然因素对供水工程受水区多维度效益价值的驱动影响。人口密集度、生产总值、第二产业GDP等因素驱动力增强明显,各驱动影响因子间交互作用结果均为增强。2020年,太阳山供水工程受水区多维度效益价值驱动因素交互作用探测结果见表12.3-5。

表12.3-5 2020年太阳山供水工程受水区多维度效益价值驱动因素交互作用探测结果

交互作用	交互值	交互结果	交互作用	交互值	交互结果	交互作用	交互值	交互结果
D1~D2	0.200	双因子增强	D3~D5	0.015	非线性增强	D5~D12	0.165	非线性增强
D1~D3	0.179	非线性增强	D3~D6	0.135	非线性增强	D6~D7	0.047	双因子增强
D1~D4	0.187	双因子增强	D3~D7	0.028	双因子增强	D6~D8	0.146	双因子增强
D1~D5	0.199	非线性增强	D3~D8	0.174	非线性增强	D6~D9	0.122	双因子增强
D1~D6	0.186	双因子增强	D3~D9	0.132	非线性增强	D6~D10	0.146	双因子增强
D1~D7	0.205	非线性增强	D3~D10	0.219	非线性增强	D6~D11	0.166	非线性增强
D1~D8	0.299	非线性增强	D3~D11	0.147	非线性增强	D6~D12	0.158	非线性增强
D1~D9	0.208	双因子增强	D3~D12	0.158	非线性增强	D7~D8	0.142	非线性增强
D1~D10	0.312	非线性增强	D4~D5	0.154	非线性增强	D7~D9	0.137	非线性增强
D1~D11	0.302	非线性增强	D4~D6	0.173	非线性增强	D7~D10	0.172	非线性增强
D1~D12	0.317	非线性增强	D4~D7	0.183	非线性增强	D7~D11	0.144	非线性增强
D2~D3	0.073	非线性增强	D4~D8	0.194	双因子增强	D7~D12	0.163	非线性增强
D2~D4	0.217	非线性增强	D4~D9	0.234	双因子增强	D8~D9	0.310	非线性增强
D2~D5	0.081	非线性增强	D4~D10	0.314	非线性增强	D8~D10	0.241	双因子增强
D2~D6	0.074	双因子增强	D4~D11	0.302	非线性增强	D8~D11	0.253	非线性增强
D2~D7	0.065	双因子增强	D4~D12	0.300	非线性增强	D8~D12	0.278	非线性增强
D2~D8	0.239	非线性增强	D5~D6	0.040	双因子增强	D9~D10	0.292	非线性增强
D2~D9	0.213	非线性增强	D5~D7	0.033	非线性增强	D9~D11	0.156	双因子增强
D2~D10	0.234	非线性增强	D5~D8	0.139	非线性增强	D9~D12	0.209	双因子增强
D2~D11	0.217	非线性增强	D5~D9	0.154	非线性增强	D10~D11	0.163	双因子增强
D2~D12	0.211	非线性增强	D5~D10	0.210	非线性增强	D10~D12	0.285	非线性增强
D3~D4	0.135	双因子增强	D5~D11	0.166	非线性增强	D11~D12	0.251	非线性增强

通过采取一系列规划措施,太阳山供水工程受水区形成以供水管网为支撑的发展带,通过城镇中心城区的带动,形成中心城区发展联动的城乡一体发展带,太阳山供水工程受

水区社会经济发展稳中向好,太阳山供水工程受水区城镇工业经济驱动力效果明显。

城乡规划坚持基建与生态同步推进,城镇生活设施便利,大量人口聚集,人口密集度一定程度上代表城镇发展范围,现阶段,随着经济的发展,大量工业搬离中心城区,向郊区外扩,促使太阳山供水工程受水区郊区加快城市化步伐。

由于太阳山供水工程受水区的地理特征,在发展经济的同时,更加注重生态环境的治理,严控污水、污染气体排放,防治土壤大气污染,保证水质安全。借助环境优势,积极发展区域旅游,因此自然环境依然是太阳山供水工程受水区多维度效益价值影响的主要驱动力。同时,本研究说明多个驱动因子交互作用对太阳山供水工程受水区多维度效益价值变化具有更大的影响。

第 13 章　基于多级模糊云的多维度
综合效益评价模型构建

13.1　层次分析法确定权重

13.1.1　层次分析法的概念

层次分析法(简称 AHP 法)通过项目背景对问题进行初步了解分析,将复杂问题根据某一维度拆解成多个因素,并将这些因素根据其属性进行分类,以此类推,形成不同层级的分类。本研究将框架主要分为目标层、准则层和方案层等三个层次。横向分析同一层级的因素彼此独立又关联;竖向分析可知单因素受上一层对应因素支配,同时对下一层对应的因素进行把控,即构造出递阶层次,如图 13.1-1 所示。

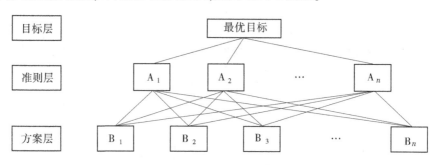

图 13.1-1　层次分析法基本结构

13.1.2　层次分析法确定权重的步骤

通过层次分析法的概念,下面简单介绍该方法的基本过程:

(1)首先,根据西北干旱区引黄供水工程综合效益评价,将其划分为经济、社会、生态三个层面,并选取相关指标构建层次模型。

(2)构建判断矩阵。基于专家经验依据表 13.1-1 对所选取的指标进行相对重要性分析,从而建立判断矩阵 $P = [P_{ij}]$。P_{ij} 表示第 i 个指标相对于第 j 个指标的重要性,其中 $P_{ij} = \dfrac{1}{P_{ij}}$。

表 13.1-1　9 标度法的关系及其相对重要性含义

重要程度	9 标度法
同等重要	1
介于同等重要与稍微重要之间	2
稍微重要	3
介于稍微重要与明显重要之间	4
明显重要	5
介于明显重要与强烈重要之间	6
强烈重要	7
介于强烈重要与极端重要之间	8
极端重要	9

对每一层的指标进行两两比较,根据两指标之间的重要性进行赋值,得判断矩阵 $\boldsymbol{P}=(P_{ij})_{n \times n}$。

$$\boldsymbol{P} = \begin{bmatrix} P_{11} & P_{12} & \cdots & P_{1n} \\ P_{11} & P_{12} & \cdots & P_{1n} \\ \vdots & \vdots & \vdots & \vdots \\ P_{n1} & P_{n2} & \cdots & P_{nn} \end{bmatrix} \tag{13-1}$$

(3)一致性检验和指标权重计算。为检验元素之间重要程度的协调性,避免出现矛盾的情况,需要对构建的判断矩阵进行一致性检验,其过程如下:

基于建立的判断矩阵,利用 MATLAB 计矩阵的最大特征值 $\lambda_{\max}$ 及其对应特征向量 $\boldsymbol{\mu}$。依据式(13-2)、式(13-3)计算判断矩阵的一致性指标 CI 和一致性比例 CR。

$$\mathrm{CI} = \frac{\lambda_{\max} - n}{n - 1} \tag{13-2}$$

$$\mathrm{CR} = \frac{\mathrm{CI}}{\mathrm{RI}} \tag{13-3}$$

式中　n——判断矩阵的阶数;

RI——平均一致性指标,取值如表 13.1-2 所示。

表 13.1-2　RI 取值表

n	1	2	3	4	5	6
RI	0	0	0.52	0.89	1.12	1.26

当 CR<0.1 时,该判断矩阵 $\boldsymbol{P}$ 通过一致性校验,反之则需要调整判断矩阵直至通过一致性校验。

(4)计算指标权重。将最大特征值对应的特征向量 $\boldsymbol{\mu}$ 归一化处理后,得到准则层各指标权重,计算公式见式(13-4)。

$$\omega_i = \frac{u_i}{\sum_{i=1}^{n} u_i} \qquad (13\text{-}4)$$

13.2 熵值法确定权重

13.2.1 熵值法的概念

1864年,一位德国物理方面的专家R Clausius应用了熵(Entropy)概念。这一概念同时泛起信息论的研究,为今后的学者在此领域的研究做了坚实的铺垫。就现在来看,在大多数领域,都可以看到熵的概念的应用,对于各个领域有着至关重要的影响,熵的概念主要是阐述不确定的因素量度值。熵是一种系统状态的函数,它表示一个有秩序的物理概念;通过查阅资料可知,如果系统设置得很好,它是随机的均匀状态。从细小方面来看,粒子在某些维度中的运动从而确定了熵的大小情况,整个系统核心的熵值是整个系统的所有部分熵的总和。

熵值法是一种基于差异驱动原则的客观赋权方法,同一指标的重要性反映了不同方面数据的差异,通过信息量的大小值,最后确定所得指标的权重系数。

13.2.2 熵权法确定权重的步骤

熵权法计算过程如下:

(1)若评价对象有 n 个,每个被评价对象的对应指标有 m 个,即

根据上述表达,可构造出判断矩阵 R,如式(13-5)所示。

$$R = (x_{ij})_{n \times m} \qquad (13\text{-}5)$$

其中,$i = 1, 2, \cdots, n; j = 1, 2, \cdots, m$。

(2)指标归一化处理。指异质指标同质化,即矩阵 B 的元素为 b_{ij},因指标包括正向指标、负向指标,两种指标所表达的含义往往相反,正向指标的计算值越大,表明该指标对应的效果越好;负向指标反之。继而两种指标的计算方法也不相同,因此对于正向指标和负向指标计算分别如式(13-6)、式(13-7)所示:

正向指标: $$b_{ij} = \frac{r_{ij} - r_{\min}}{r_{\max} - r_{\min}} \qquad (13\text{-}6)$$

负向指标: $$b_{ij} = \frac{r_{\max} - r_{ij}}{r_{\max} - r_{\min}} \qquad (13\text{-}7)$$

(3)计算第 j 项指标下第 i 个样本值占该指标的比重,如式(13-8)所示。

$$P_{ij} = \frac{x_{ij}}{\sum_{i=1}^{n} x_{ij}} \quad (i = 1, 2, \cdots, n; j = 1, 2, \cdots, m) \qquad (13\text{-}8)$$

(4)计算第 j 项指标的熵值,如式(13-9)所示。

$$e_j = -k \sum_{i=1}^{n} P_{ij} \ln P_{ij} \quad (i = 1, 2, \cdots, n; j = 1, 2, \cdots, m) \tag{13-9}$$

其中,$k = 1/\ln n > 0$ 且 $e_j \geqslant 0$,当 $p_{ij} = 0$ 时,令 $\ln P_{ij} = 0$。

(5)计算信息熵冗余度,如式(13-10)所示。

$$d_j = 1 - e_j \quad (j = 1, 2, \cdots m) \tag{13-10}$$

(6)计算指标的权重,如式(13-11)所示。

$$w_j = \frac{d_j}{\sum_{j=1}^{m} d_j} \quad (j = 1, 2, \cdots, m) \tag{13-11}$$

(7)计算最后的综合分数值,如式(13-12)所示。

$$s_j = \sum_{i=1}^{n} w_j P_{ij} \quad (i = 1, 2, \cdots, n; j = 1, 2, \cdots, m) \tag{13-12}$$

13.3 组合权重的确定

确定各项指标的权值系数是制定综合评价方法体系的一个重要步骤,同时是本书研究水利工程综合效益评价方法的重要一环,因此需选择合适的确定权重和评价的方法。

前两节介绍了评价方法中的层次分析法和熵权法分别对指标的主观权重及客观权重值进行计算,通过文献分析研究可知,针对此两种方法,它们各有利弊。层次分析法中的权重是根据专家的主观经验得出的,受专家的个人经历和知识所限,具有较强的主观性和随意性。而熵权法虽能保证权重的客观性,但由于得出的权重主要受熵值影响,且无法考虑指标之间的相对重要性,而致使得出的权重往往与人的主观认知相悖。为解决主客观不同权重决策值之间的矛盾关系,将主观权重与客观权重进行融合,得到一种考虑实际数据的基础上又能融合专家的主观经验。所以,采用组合赋权的方式将主客观权重进行融合。

博弈论作为经典的主客观权重融合方法,它将博弈问题转化为组合问题,并在组合问题的基础上引入权值,以反映博弈中各个参与者的利益和策略。在具体应用中,博弈论组合赋权法可以用于解决多种博弈问题,如合作博弈、竞争博弈和优化博弈等。但传统的博弈论并不能保证各权重的组合系数为正,与假设相悖。因此,依据离差最大化客观赋权的思想,将博弈论组合赋权的约束条件修正为:

$$\min_{\alpha_p} f = \sum_{i=1}^{2} \left| \sum_{p=1}^{2} (\alpha_p w_i w_p^{\mathrm{T}}) - w_i w_i^{\mathrm{T}} \right| \tag{13-13}$$

式中 α_1、w_1——熵权法的线性组合系数和权重;

α_2、w_2——层次分析法的线性组合系数和权重。

利用离差最大化原理构建约束条件为

$$\sum_{i=1}^{2} \alpha_i^2 = 1 \quad \alpha_i > 0 \tag{13-14}$$

求解该模型,构建拉格朗日函数对其进行求解并进行归一化处理,结果如式(13-15)所示:

$$\alpha_p = \frac{\sum\limits_{i=1}^{2} w_i w_p^{\mathrm{T}}}{\sum\limits_{p=1}^{2} \sum\limits_{i=1}^{2} w_i w_p^{\mathrm{T}}} \qquad (13\text{-}15)$$

依据离差最大化改进的博弈论组合赋权法的权重为

$$W = \sum_{p=1}^{2} \alpha_p w_p \qquad (13\text{-}16)$$

利用改进的博弈论进行组合赋权,增加了主客观权重的适应性。考虑西北干旱区引黄供水工程综合效益评价中存在的不精确性、不一致性,建立未确知测度模型,从而克服纯单一赋权法导致的认知上信息的不确定性问题,并且基于离差最大化改进的博弈论组合赋权法能够有效解决组合系数为负数的情况。

13.4　模糊综合评价法进行综合效益评价

模糊综合评价法是利用模糊数学来处理界定不清、较为复杂的综合性问题,此方法解决了以往精确计算问题的限制性,在此基础上进行巧妙应用,把模糊语言进行定量化。模糊数学的应用领域通过专家学者逐渐地研究,拓宽应用范围,该法已被大量采用。而西北干旱区引黄供水工程综合效益评价本身便具有一定的模糊性,因此本书依据模糊数学的基本原理,通过模糊综合评价法对水利工程进行评价分析,并得出结论。

13.4.1　因素集及评价集的确定

13.4.1.1　确定评价对象的因素集

对于某个评价对象,通过设项目评价中共有 n 个指标因素,即对于评价指标对象的指标集为 $U = \{\mu_1, \mu_2, \mu_3, \cdots, \mu_n\}$,其中 $\mu_i(i=1,2,3,\cdots,n)$ 表示第 i 个指标因素。在评价因素能继续深入细分的情况下,则评价集还可以分层构建。

13.4.1.2　确定评价对象的评价集

根据项目对应的评价结果,组成评价集合 V,$V = \{v_1, v_2, v_3, \cdots, v_m\}$,其中 $v_j(j=1,2,3,\cdots,m)$ 指评价等级一共 m 种,v_j 表示第 j 种等级的评价结果。评价集合可以进行定性描述,同时也能用具体数值进行表述。当评价等级数量较少时,无法准确判断评价对象的实际情况,从该角度讲评价等级越多越能反映评价对象的真实状态,但评价等级数量过多会导致计算过程过于复杂,且有时并不需要对评价对象进行过于细致的等级划分,因此需要依据具体评价对象和评价目的选择合适的等级数量。

13.4.2　隶属度矩阵确定

指标所构成因素集合 U 及其对应的评价集合 V 确立后,需要进一步构建隶属度矩阵 $\boldsymbol{R}$。$\boldsymbol{R}$ 是从单一指标角度出发对所属评价对象的等级隶属程度。$\boldsymbol{R}$ 表示为第 i 个评价因素 μ_i 对评价结果 v_j 的隶属程度,所得隶属度 $\boldsymbol{R} = \{r_{i1}, r_{i2}, r_{i3}, \cdots, r_{im}\}$,$i=1,2,3,\cdots,n$。通过对项目的各个因素指标进行评估,鉴于此可以得出隶属度矩阵,如式(13-17)所示。

$$\boldsymbol{R} = \begin{bmatrix} r_{11} & r_{12} & \cdots & r_{1m} \\ r_{21} & r_{22} & \cdots & r_{2m} \\ \vdots & \vdots & \vdots & \vdots \\ r_{n1} & r_{n2} & \cdots & r_{nm} \end{bmatrix} \tag{13-17}$$

式(3-17)中,$0 < r_{ij} < 1$,r_{ij} 表示指标因素对于评价对象的隶属程度,又称为隶属度。项目的评价指标从定性和定量两个角度出发,针对不同的情况,指标隶属度的计算方法也有所区别。本书针对于定性指标而言,通过专家打分获得定性指标得分,进而输入到隶属度函数中计算隶属度,而定量指标直接运用隶属度函数进行计算即可。

13.4.2.1　定性指标多专家打分融合

邀请多位专家依据具体评价对象对因素集进行打分,构建专家打分矩阵 $\boldsymbol{P} = [p_{ij}]_{m \times n}$,其中 P_{ij} 是指第 i 名专家对第 j 个指标的打分情况,m 和 n 分别为专家个数和指标个数。由于不同专家的打分情况存在一定的冲突性,为合理地对这些具有一定冲突性的打分进行融合,采用 JS 散度方式衡量专家打分存在的冲突情况。

JS 散度(Jensen-Shannon divergence)是由 KL 散度(Kullback-Leibler divergence)发展而来,KL 散度又称相对熵(relative entropy)或信息散度(information divergence)。KL 散度的理论意义在于度量两个概率分布之间的差异程度,当 KL 散度越大时,说明两者的差异程度越大;当 KL 散度小时,则说明两者的差异程度小。如果两者相同的话,则该 KL 散度应该为 0。而 JS 散度建立在 KL 散度的基础上,解决了 KL 散度非对称性问题。JS 散度是对称的,其取值是 0~1。具体算法如下:

对每个专家的打分情况进行归一化,如式(13-18)所示。

$$Q_{ij} = \frac{P_{ij}}{\displaystyle\sum_{i=1}^{m} P_{ij}} \tag{13-18}$$

式中　Q_{ij}——第 i 个专家对第 j 个指标的打分归一化值。

计算第 i 个专家与第 j 个专家的 KL 散度,如式(13-19)所示。

$$D_{kl}(Q_i \parallel Q_j) = \sum_{k=1}^{n} Q_{ik} \cdot \log \frac{Q_{ij}}{Q_{jk}} \tag{13-19}$$

式中　Q_i 和 Q_j——第 i 个专家和第 j 个专家的打分归一化向量;

　　　$D_{kl}(Q_i \parallel Q_j)$——第 i 个专家和第 j 个专家打分的 KL 散度,log 表示以 2 为底的对数函数。依据式(13-19),也能看出 KL 散度并不具备对称性。

计算第 i 名专家与第 j 名专家的 JS 散度,如式(13-20)所示。

$$D_{js}(Q_i \parallel Q_j) = \frac{1}{2}[D_{kl}(Q_i \parallel Q_j) + D_{kl}(Q_i \parallel Q_j)] \tag{13-20}$$

式中　$D_{js}(Q_i \parallel Q_j)$——第 i 个专家和第 j 个专家打分的 JS 散度。

依据式(13-20),也能看出 JS 散度是基于 KL 散度的一种改进,相较于 JS 散度具备了对称性的特点。

依据式(13-18)~式(13-20)计算所有专家打分之间的 JS 散度,构成专家打分的 JS 散度矩阵 $\boldsymbol{JS} = [J_{ij}]_{m \times m}$,其中 J_{ij} 为第 i 个专家与第 j 个专家打分的 JS 散度。进一步,计算

第 i 名专家与其他专家的平均 JS 散度 d_i，由于第 i 名专家自己的打分并不存在冲突，故应当将其与其他专家的距离求和后除以 $m-1$，如式（13-21）所示。

$$d_i = \frac{\sum_{j=1}^{m} J_{ij}}{m-1} \qquad (13\text{-}21)$$

根据 JS 散度的定义，当 JS 散度越大时，表征两分布之间的差异性越大，即该专家与其他专家的冲突性越大，应该降低该专家打分对于综合评价的影响，因此可以依据式（13-22）和式（13-23）计算第 i 名专家的打分权重和专家综合结果。

$$W_i = \frac{\dfrac{1}{d_i}}{\sum_{i=1}^{m} \dfrac{1}{d_i}} \qquad (13\text{-}22)$$

$$S_j = \sum_{i=1}^{m} Q_{ij} \cdot W_i \qquad (13\text{-}23)$$

式中　W_i——第 i 个专家的权重；

　　　S_j——第 j 个指标的最终得分。

13.4.2.2　指标隶属度的确定

通过多专家打分融合获得定性指标得分后，结合工程实际数据对定量指标的得分进行计算，依据指标得分计算指标对各安全等级的隶属度。隶属度函数的确定是评价模型建立最关键的问题，常用的模糊分布有矩形分布、梯形分布、k 次抛物线形分布、岭形分布等。本研究通过对比各种函数的特点，决定定量指标的隶属度采取正态分布函数来确定。以指标得分位于等级区间中点时对该等级的隶属度为 1，指标得分位于两等级区间边缘时隶属度为 0.5 构建隶属度函数，如图 13.4-1 所示。该方法使用的分布函数详情如下：

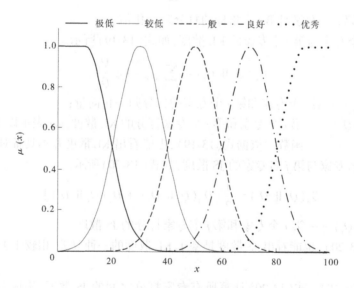

图 13.4-1　各等级隶属度函数示意

设具体的等级标准隶属度函数为

$$r_1 = \begin{cases} 1 & u_i \leqslant v_1 \\ \dfrac{v_2 - u_i}{v_2 - v_1} & v_1 < u_i < v_2 \\ 0 & u_i \geqslant v_2 \end{cases}$$

$$r_2 = \begin{cases} 1 - r_1 & v_1 \leqslant u_i \leqslant v_2 \\ \dfrac{v_3 - u_i}{v_3 - v_2} & v_2 < u_i < v_3 \\ 0 & u_i \leqslant v_1 \text{ 或 } u_i \geqslant v_3 \end{cases}$$

$$r_j = \begin{cases} 1 - r_{j-1} & v_{j-1} \leqslant u_i \leqslant v_j \\ \dfrac{v_{j+1} - u_i}{v_{j+1} - v_j} & v_j < u_i < v_{j+1} \\ 0 & u_i \leqslant v_{j-1} \text{ 或 } u_i \geqslant v_{j+1} \end{cases} \qquad (13\text{-}24)$$

根据公式(13-24),计算出评价因素 i 对于评价标准等级 j 的隶属度 r_{ij},即可算出对应的隶属度矩阵 $\boldsymbol{R}$。

13.4.3　多级模糊综合评价

从多个维度出发,全面地进行模糊评价,该方式可分为单层次综合评价和多层次综合评价,这两种都属于模糊综合评价法的类别。单层次综合评价是将目标的指标体系分为一个层次;多层次综合评价是将目标的指标体系分为多个层次,并且多层次之间的上下级指标之间紧密相连,属于从属关系。在进行计算时,需先将下层的综合效益进行计算,以此为基础进行多级计算。

本研究对水利工程综合效益的评价,由于影响综合效益的评价因素众多,需采用多层次进行归类整理,本书中龙泉水源工程的效益评价由于影响因子众多,评价因素数据难以界定,因此可采用多级模糊综合评价方法体系进行研究。

13.4.4　模糊综合评价法的步骤

本书对水利工程项目进行全面的效益评价,运用多级模糊综合评价方法体系,通过前文的研究可总结出该方法体系的步骤如下:

13.4.4.1　确定因素集和评价集

首先评价因素集合 U,$U = \{\mu_1, \mu_2, \mu_3, \cdots, \mu_n\}$,其中,$\mu_i (i=1,2,3,\cdots,n)$ 为指标因素;评价集合 V,$V = \{v_1, v_2, v_3, \cdots, v_m\}$,其中,$v_j (j=1,2,3,\cdots,m)$ 指第 j 种的评判结论。

13.4.4.2　确定评价因素权重向量

根据前文确定的因素集将评价指标进行分层处理,分为目标层、准则层,记 $U = \{\mu_1, \mu_2, \mu_3, \cdots, \mu_k\}$,$\mu_i (i=1,2,3,\cdots,k)$ 为具体的评价指标,记为 $U_i = \{\mu_{i1}, \mu_{i2}, \mu_{i3}, \cdots, \mu_{ik}\}$ $(i=1,2,3,\cdots,n)$。在此经归一化处理后确定各层指标权重。

设第三层层次分析法确定的主观权重向量为 W_i'，$W_i' = \{w_{i1}', w_{i2}', \cdots, w_{in}'\}$；客观权重向量为 W_i''，$W_i'' = \{w_{i1}'', w_{i2}'', \cdots, w_{in}''\}$，即通过式（13-16），得第三层综合权重系数 W_i，$W_i = \{w_{i1}, w_{i2}, \cdots, w_{in}\}$。

设第二层的主观权重向量为 $W' = \{w_1', w_2', \cdots, w_n'\}$；客观向量为 $W'' = \{w_1'', w_2'', \cdots, w_n''\}$，同理得第二层综合权重系数 W，$W = \{w_1, w_2, \cdots, w_n\}$。

其中，$0 \leqslant W' \leqslant 1$、$0 \leqslant W'' \leqslant 1$、$0 \leqslant W_i' \leqslant 1$、$0 \leqslant W_i'' \leqslant 1$、$0 \leqslant W \leqslant 1$、$0 \leqslant W_i \leqslant 1$，且各权重系数和为 1。

13.4.4.3　一级模糊综合评价

在以上的基础上对第二层因素指标进行全面评价，根据前文所讲述的单层次评价方法中隶属度的确定方法得到评价指标隶属度矩阵 **R**。根据模糊数学原理进行结果计算，将上文所得的权重向量与隶属度矩阵进行计算可得模糊运算结果，如式（13-25）所示。

$$B_i = W_i \bigcirc R_i = (w_{i1}, w_{i2}, \cdots, w_{in}) \bigcirc \begin{bmatrix} r_{i11} & r_{i12} & \cdots & r_{i1m} \\ r_{i21} & r_{i22} & \cdots & r_{i2m} \\ \vdots & \vdots & \vdots & \vdots \\ r_{in1} & r_{in2} & \cdots & r_{inm} \end{bmatrix} = (b_{i1}, b_{i2}, \cdots, b_{in}) \quad (13\text{-}25)$$

式中　○——加权平均算子。

13.4.4.4　二级模糊综合评价

基于一级模糊综合评价结果，可进行二级模糊计算，计算详细过程如式（13-16）所示。

$$B = W * (B_1, B_2, \cdots, B_k)^T = (w_1, w_2, \cdots, w_k) * (B_1, B_2, \cdots, B_k) \quad (13\text{-}26)$$

13.5　云模型构建

李德毅院士提出的云模型以概率论和模糊数学为理论，可以通过在定性描述和定量分析之间进行有效转化来对问题进行简化分析，既能够表示出从定性到量化转变的过程，也能够表示从定量到定性转化的过程。在定性与定量之间形成了一种映射，能够客观地刻画出人类的思维过程。云模型主要包括期望 Ex、熵 En 和超熵 He 三个数字特征。期望 Ex 是指云滴的分布期望值；熵 En 表示云滴的不确定性程度；超熵 He 是指熵的不确定性程度，表示熵的模糊度和离散程度。云模型的建立步骤如下：

13.5.1　建立等级评语集

咨询相关有丰富经验的专家划分评价等级，等级评语集划分如表 13.5-1 所示。

表 13.5-1　等级评语集划分

评价等级	I	II	III	IV	V
状态	很差	差	中等	好	很好
取值 $[a,b]$	$[0,20)$	$[20,40)$	$[40,60)$	$[60,80)$	$[80,100]$

13.5.2　计算云模型数字特征值

设评语集的中间语集"中等"的云数字特征为 $Cr_0(Ex_0, En_0, He_0)$,其相邻两侧的云"差"和"好"的云数字特征为 $Cr_{+1}(Ex_{+1}, En_{+1}, He_{+1})$ 和 $Cr_{-1}(Ex_{-1}, En_{-1}, He_{-1})$,同理"很差"和"很好"对应的云数字特征为 $Cr_{+2}(Ex_{+2}, En_{+2}, He_{+2})$ 和 $Cr_{-2}(Ex_{-2}, En_{-2}, He_{-2})$,具体见式(13-27)~式(13-36)。

$$Ex_0 = \frac{x_{max} - x_{min}}{2} \tag{13-27}$$

$$Ex_{-2} = x_{min} \tag{13-28}$$

$$Ex_{+2} = x_{max} \tag{13-29}$$

$$Ex_{+1} = Ex_0 + 0.382 \times \frac{x_{max} + x_{min}}{2} \tag{13-30}$$

$$Ex_{-1} = Ex_0 - 0.382 \times \frac{x_{max} + x_{min}}{2} \tag{13-31}$$

$$En_{+1} = En_{-1} = 0.382 \times \frac{x_{max} - x_{min}}{6} \tag{13-32}$$

$$En_0 = 0.618 \times En_{+1} \tag{13-33}$$

$$En_{+2} = En_{-2} = \frac{En_{+1}}{0.618} \tag{13-34}$$

$$He_{+1} = He_{-1} = \frac{He_0}{0.618} \tag{13-35}$$

$$He_{+2} = He_{-2} = \frac{He_{+1}}{0.618} \tag{13-36}$$

式中: $x_{max} = 1$; $x_{min} = 0$, He_0 为常数,取 0.005。

根据式(13-27)~式(13-36)计算,可得到各评价标尺云的数字特征,计算结果见表 13.5-2。

表 13.5-2　标尺云数字特征

评语集	评分区间	数字特征
很好	[0.8,1]	(1,0.103,0.013 1)
好	[0.6,0.8]	(0.691,0.064,0.008 1)
中等	[0.4,0.6]	(0.5,0.039,0.005)
差	[0.2,0.4]	(0.309,0.064,0.008 1)
很差	[0,0.2]	(0,0.103,0.013 1)

通过评语集产生对应的云模型参数输入到正向云发生器中产生 5 000 个云滴,对应的云图见图 13.5-1。

评价云数字特征值计算如式(13-37)~式(13-39)所示。

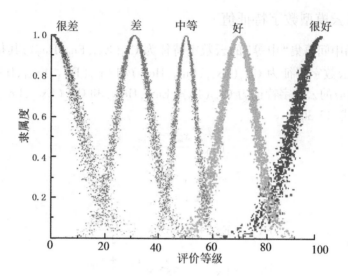

图 13.5-1　标尺云云图

$$\mathrm{Ex} = \frac{1}{n}\sum_{i=1}^{n} x_i \qquad (13\text{-}37)$$

$$\mathrm{En} = \sqrt{\frac{\pi}{2}} \times \frac{1}{n}\sum_{i=1}^{n} | x_i | \qquad (13\text{-}38)$$

$$\mathrm{He} = \sqrt{S^2 - \mathrm{En}^2} \qquad (13\text{-}39)$$

综合云数字特征值计算如式(13-40)所示。

综合云为

$$C = \sum_{u=1}^{n} C_u W_u \qquad (13\text{-}40)$$

特征值具体计算如式(13-41)所示:

$$\begin{cases} \mathrm{Ex}_i = \sum_{j=1}^{n} \mathrm{Ex}_{ij} w_{ij} \\[2mm] \mathrm{En}_i = \sum_{j=1}^{n} \mathrm{En}_{ij} \dfrac{\omega_{ij}^2}{\displaystyle\sum_{j=1}^{n} \omega_{ij}^2} \\[2mm] \mathrm{He}_i = \sum_{j=1}^{n} \mathrm{He}_{ij} \dfrac{\omega_{ij}^2}{\displaystyle\sum_{j=1}^{n} \omega_{ij}^2} \end{cases} \qquad (13\text{-}41)$$

13.5.3　计算相似度

利用 Matlab 软件将生成的标准云和评价云放在同一平面直角坐标系内,为确定相似度要首先输入标准云和指标云的数字特征值,经过一系列计算确定相似度,其具体步骤如下。

(1)生成符合正态分布的随机数 $\mathrm{En}_1 \sim N(\mathrm{En}, \mathrm{He}_2)$。

（2）生成符合正态分布的随机数 $x \sim N(\mathrm{Ex}, \mathrm{En}'^2)$。

（3）利用 a, b 求得相似度 $u = e^{-\frac{(x-\mathrm{Ex})^2}{2\mathrm{En}'^2}}$。

（4）继续按照上述步骤进行计算，求得 n 个 u。

（5）最终求取的相似度即 n 个数值平均值。

最后，根据标准云和评价云的位置分布以及最大相似度原则来确定具体评价等级。

13.6　本章小结

根据前文所构建的评价指标体系，本章结合层次分析法和熵权法来获取主观和客观权重，依据离差最大化的思想对博弈论进行改进，获取主客观融合权重。基于专家打分获取定性指标得分，并针对不同专家打分之间存在的冲突性问题，采用 JS 散度衡量专家之间的冲突性，并计算专家权重，进而获取多专家打分的融合结果作为指标得分。为能够对西北干旱区引黄供水工程综合效益进行全面客观的评价，分别采用模糊综合评价法和云模型对其进行评价，充分考虑评价数据来源的随机性和模糊性。通过本章的撰写，明确了西北干旱区引黄供水工程综合效益评价采用的具体评价方法，为第 14 章的供水工程项目综合效益评估实证分析提供可参考的依据。

第 14 章　太阳山供水工程项目综合效益评估实证分析

14.1　多级模糊综合评价模型的建立

14.1.1　评价指标集和等级集的确定

14.1.1.1　评价指标集合的确定

结合第 3 章太阳山供水工程多维度效益评价的指标体系和太阳山供水工程实际情况,确定评价指标集合。指标体系的指标层具体包含 23 个指标,其具体情况如表 14.1-1 所示。

表 14.1-1　太阳山供水工程综合效益评价指标体系

目标层	准则层	指标层	指标说明
太阳山供水工程综合效益评估指标体系	经济效益 A	工业供水 A1	可以直接使用供给工业用水部门的水资源,包括太阳山工业园区(A1-1)、盐池工业园区(A1-2)、同心工业园区(A1-3)、萌城工业园区(A1-4)、马家滩矿区(A1-5)
		生活供水 A2	可以直接使用供给生活用水部门的水资源,包括太阳山镇(A2-1)、盐池县(A2-2)、同心工业园区(A2-3)、萌城工业园区(A2-4)、马家滩矿区(A2-5)、白土岗养殖基地(A2-6)、红寺堡区(A2-7)
		规模化养殖供水 A3	可以直接使用供给规模化养殖产业用水部门的水资源,主要为白土岗畜牧养殖基地(A3-1)
		公共绿地供水 A4	太阳山开发区公共绿化用水(A4-1)、白土岗养殖基地绿化用水(A4-2)
	社会效益 B	旅游休闲 B1	为人类提供观赏、娱乐、旅游场所的功能价值
		景观美学 B2	应用自然材料,通过艺术加工所造成的各种景色
		科研教育 B3	为人类提供科研平台、教育基地的功能价值
		文化传承 B4	将太阳山供水工程及其周边地区的文化传递和承接下去
		公共健康 B5	通过太阳山供水工程改善水质提升周边地区居民的健康水平
		政治服务 B6	水资源战略储备、供水保证率的提高、经济发展的辐射带动作用等产生的政治效益
		社会经济 B7	社会、经济、教育、科学技术及生态环境等领域,涉及人类活动的各个方面和生存环境的诸多复杂因素的系统

续表 14. 1-1

目标层	准则层	指标层	指标说明
太阳山供水工程综合效益评估指标体系	生态效益 C	水资源贮存 C1	水库、湖面贮存水源并调节和补充周围湿地径流及地下水
		水质净化 C2	水环境通过一系列物理和生化过程对进入其中的污染物进行吸附、转化以及生物降解等使水体得到净化的生态效应
		空气净化 C3	生态系统吸收、阻滤和分解大气中的污染物,如 SO_2、NO_X、粉尘等,有效净化空气,改善大气环境
		固碳释氧 C4	植物通过光合作用将 CO_2 转化为碳水化合物,并以有机碳的形式固定在植物体内或土壤中,同时产生 O_2 的功能,包括:固碳(C4-1)、释氧(C4-2)
		防止土壤侵蚀 C5	生态系统通过其结构与过程减少水流的侵蚀能量,减少土壤流失
		气候调节 C6	生态系统通过植被蒸腾作用和水面蒸发过程使大气温度降低、湿度增加的生态效应
		水源涵养 C7	生态系统通过其结构和过程拦截滞蓄降水,增强土壤下渗,有效涵养土壤水分和补充地下水,调节河川流量
		减少噪声 C8	林地、花坛绿篱、灌木草坪等对噪声的消减作用
		生物多样性 C9	包括物种多样性、遗传多样性和生态系统多样性,它维持了自然界的平衡,给人类的生存创造了良好的条件
		维持养分循环 C10	指养分元素在植物、动物、环境之间往复的过程
		控制降落漏斗 C11	主要通过避免产生大规模的地下水降落漏斗,从而避免一系列的地质灾害
		生物栖息地 C12	构成适宜于动物居住的某一特殊场所,它能够提供食物和防御捕食者等条件

14.1.1.2 评价等级的确定

本研究在前人研究的基础上,将太阳山供水工程综合效益评估的指标评价等级分为 5 个层次,分别为很好、好、中等、差和很差 5 个等级。为便于评价分析,本研究中太阳山供水工程指标评价等级亦分为很好、好、中等、差和很差 5 个等级。对应的评价等级集为 V = {V1,V2,V3,V4,V5} = {很好,好,中等,差,很差}。

14.1.2 指标主观权重的计算

根据表 14. 1-1 中建立的太阳山供水工程综合效益评价指标体系,通过专家打分构造准则层判断矩阵,这里以某个专家的打分为例,介绍具体计算过程,如表 14.1-2 所示。

表 14.1-2　准则层判断矩阵

	经济 A	社会 B	生态 C
经济 A	1	2	3
社会 B	0.5	1	2
生态 C	0.333	0.5	1

$$E = \begin{bmatrix} 1 & 2 & 3 \\ 0.5 & 1 & 2 \\ 0.333 & 0.5 & 1 \end{bmatrix}$$

通过 Matlab 软件计算矩阵的最大特征值 λ_{max},对应的特征向量:$u = (0.846\ 8, 0.466\ 0, 0.256\ 4)$。

依据式(14-1)、式(14-2)计算一致性指标 CI 和一致性比例 CR:

$$CI = \frac{\lambda_{max} - n}{n - 1} = \frac{3.088 - 3}{3 - 1} = 0.044 \tag{14-1}$$

$$CR = \frac{CI}{RI} = \frac{0.044}{0.58} = 0.076 \leqslant 0.1 \tag{14-2}$$

$$\omega_i = \frac{u_i}{\sum_{i=1}^{n} u_i} \tag{14-3}$$

根据式(14-3)计算得准则层权重为 $\omega = (0.539\ 6, 0.296\ 9, 0.163\ 5)$。同理计算指标层 a 中的各指标权重,以工程质量安全 CI 中的各指标权重为例。经济效益专家打分结果见表 14.1-3。

表 14.1-3　经济效益专家打分结果

	工业供水 A1	生活供水 A2	规模化养殖供水 A3	公共绿地供水 A4
工业供水 A1	1	2	3	5
生活供水 A2	0.5	1	2	3
规模化养殖供水 A3	0.333	0.5	1	2
公共绿地供水 A4	0.2	0.333	0.5	1

$$E = \begin{bmatrix} 1 & 2 & 3 & 5 \\ 0.5 & 1 & 2 & 3 \\ 0.333 & 0.5 & 1 & 2 \\ 0.2 & 0.333 & 0.5 & 1 \end{bmatrix}$$

计算得经济效益层的最大特征值为 4.033 4,对应的特征向量为 $(0.834\ 1, 0.467\ 9,$

0. 228 6,0. 181 7)。

$$CI = \frac{\lambda_{max} - n}{n - 1} = \frac{4.033\ 4 - 4}{4 - 1} = 0.011$$

$$CR = \frac{CI}{RI} = \frac{0.011}{0.89} = 0.012\ 4 \leqslant 0.1$$

可得,经济效益的各指标权重为(0. 487 1,0. 273 3,0. 133 5,0. 106 1)。

同理,依据上述步骤依次请 10 位专家对准则层和指标层分别进行打分,计算各专家的打分权重,将其求和取平均即得各指标的权重。综合效益评价指标主观权重汇总见表 14. 1-4。

表 14. 1-4　综合效益评价指标主观权重汇总

目标层	准则层	单/总权重	指标层	单权重	总权重
太阳山供水工程综合效益评估指标体系	经济效益 A	0.539 6	工业供水 A1	0.487 1	0.263 0
			生活供水 A2	0.273 3	0.146 7
			规模化养殖供水 A3	0.133 5	0.072 0
			公共绿地供水 A4	0.106 1	0.057 3
	社会效益 B	0.296 9	旅游休闲 B1	0.093 7	0.027 8
			景观美学 B2	0.076 3	0.022 6
			科研教育 B3	0.150 3	0.044 6
			文化传承 B4	0.124 2	0.036 9
			公共健康 B5	0.156 9	0.046 6
			政治服务 B6	0.217 9	0.064 7
			社会经济 B7	0.180 8	0.053 7
	生态效益 C	0.163 5	水资源贮存 C1	0.128 7	0.021 0
			水质净化 C2	0.100 4	0.016 4
			空气净化 C3	0.096 5	0.015 8
			固碳释氧 C4	0.070 8	0.011 6
			防止土壤侵蚀 C5	0.087 5	0.014 3
			气候调节 C6	0.119 7	0.019 6
			水源涵养 C7	0.109 4	0.017 9
			减少噪声 C8	0.064 4	0.010 5
			生物多样性 C9	0.077 2	0.012 6
			维持养分循环 C10	0.059 2	0.009 7
			控制降落漏斗 C11	0.037 3	0.006 1
			生物栖息地 C12	0.048 9	0.008 0

14.1.3 指标客观权重的计算

太阳山供水工程综合效益评估的开展,需在既定的评价指标集及评价等级集的基础上,研究指标体系的权重系数。首先进行调查问卷,邀请 10 名水利专家(其中,政府人员2 名,企业单位 4 位,科研单位 4 位),并依据相关项目背景资料,进行指标的研究,再根据太阳山供水工程的实际情况,结合已建立的指标体系及各指标所达到的实际情况进行评价研究打分,见表 14.1-5。

表 14.1-5 专家打分表

指标	1	2	3	4	5	6	7	8	9	10
A1	92	93	79	78	75	94	88	76	86	86
A2	79	78	78	87	75	94	82	79	96	79
A3	84	86	76	79	76	95	75	78	95	75
A4	86	84	78	77	74	93	76	75	85	78
B1	91	88	86	96	78	97	94	84	94	89
B2	83	86	85	95	75	95	86	85	95	85
B3	68	62	88	86	73	96	76	83	96	85
B4	72	78	78	76	75	78	75	76	92	73
B5	74	79	76	96	76	89	86	73	87	82
B6	75	78	96	97	96	92	97	96	94	94
B7	74	76	86	95	64	85	96	84	86	76
C1	78	77	95	84	65	75	78	76	95	73
C2	83	85	88	95	78	94	95	95	93	94
C3	86	82	87	93	64	96	86	72	85	82
C4	87	86	85	94	76	95	88	74	86	72
C5	83	87	86	82	63	93	86	65	86	64
C6	78	76	78	76	75	88	64	75	84	75
C7	86	89	84	84	74	87	75	74	88	88
C8	84	78	75	75	78	86	76	76	86	75
C9	94	94	85	94	87	96	86	84	78	76
C10	79	78	75	94	86	95	87	85	86	85
C11	75	77	74	96	87	86	85	86	75	87
C12	78	74	85	95	89	84	75	94	85	76

将上述专家的打分结果依据熵权法计算太阳山综合效益评价指标的客观权重,具体计算过程如下。

(1)将指标进行归一化处理。由于太阳山综合评价中的指标均为正向指标,即指标数值越大代表指标的状态越优秀,故依据式(14-4)将指标进行归一化。

$$\text{正向指标：} \quad b_{ij} = \frac{r_{ij} - r_{\min}}{r_{\max} - r_{\min}} \tag{14-4}$$

(2)计算第 j 项指标下第 i 个样本值占该指标的比重,如式(14-5)所示。

$$p_{ij} = \frac{x_{ij}}{\sum\limits_{i=1}^{n} x_{ij}} \quad (i = 1,2,\cdots,n; j = 1,2,\cdots,m) \tag{14-5}$$

(3)计算第 j 项指标的熵值,如式(14-6)所示。

$$e_j = -k \sum_{i=1}^{n} p_{ij} \ln p_{ij} \quad (i = 1,2,\cdots,n; j = 1,2,\cdots,m) \tag{14-6}$$

其中, $k = 1/\ln(n) > 0$ 且 $e_j \geqslant 0$,当 $p_{ij} = 0$ 时,令 $\ln p_{ij} = 0$。

(4)计算信息熵冗余度,如式(14-7)所示。

$$d_j = 1 - e_j \quad (j = 1,2,\cdots,m) \tag{14-7}$$

(5)计算指标的权重,如式(14-8)所示。

$$w_j = \frac{d_j}{\sum\limits_{j=1}^{m} d_j} \quad (j = 1,2,\cdots,m) \tag{14-8}$$

计算过程得到的数据汇总见表 14.1-6。

表 14.1-6　客观权重计算过程得到的数据汇总

指标	熵值 e	冗余度 d	权重 w
工业供水 A1	0.855 4	0.144 6	0.046 2
生活供水 A2	0.913 7	0.086 3	0.027 5
规模化养殖供水 A3	0.889 3	0.110 7	0.035 3
公共绿地供水 A4	0.931 4	0.068 6	0.021 9
旅游休闲 B1	0.855 4	0.144 6	0.046 1
景观美学 B2	0.826 3	0.173 7	0.055 4
科研教育 B3	0.853 8	0.146 2	0.046 7
文化传承 B4	0.950 8	0.049 2	0.015 7
公共健康 B5	0.924 4	0.075 6	0.024 1
政治服务 B6	0.646 1	0.353 9	0.112 9
社会经济 B7	0.878 0	0.122 0	0.038 9
水资源贮存 C1	0.888 5	0.111 5	0.035 6
水质净化 C2	0.691 3	0.308 7	0.098 5

续表 14.1-6

指标	熵值 e	冗余度 d	权重 w
空气净化 C3	0.884 5	0.115 5	0.036 9
固碳释氧 C4	0.873 3	0.126 7	0.040 4
防止土壤侵蚀 C5	0.862 8	0.137 2	0.043 8
气候调节 C6	0.920 3	0.079 7	0.025 4
水源涵养 C7	0.796 0	0.204 0	0.065 1
减少噪声 C8	0.873 5	0.126 5	0.040 4
生物多样性 C9	0.848 3	0.151 7	0.048 4
维持养分循环 C10	0.893 9	0.106 1	0.033 8
控制降落漏斗 C11	0.923 6	0.076 4	0.024 4
生物栖息地 C12	0.885 7	0.114 3	0.036 5

依据表 14.1-6 的客观权重计算经济效益、社会效益、生态效益的单权重和总权重,综合效益评价指标客观权重汇总如表 14.1-7 所示。

表 14.1-7　综合效益评价指标客观权重汇总

目标层	准则层	单/总权重	指标层	单权重	总权重
太阳山供水工程综合效益评估指标体系	经济效益 A	0.130 9	工业供水 A1	0.352 9	0.046 2
			生活供水 A2	0.210 1	0.027 5
			规模化养殖供水 A3	0.269 7	0.035 3
			公共绿地供水 A4	0.167 3	0.021 9
	社会效益 B	0.339 8	旅游休闲 B1	0.135 7	0.046 1
			景观美学 B2	0.163 0	0.055 4
			科研教育 B3	0.137 4	0.046 7
			文化传承 B4	0.046 2	0.015 7
			公共健康 B5	0.070 9	0.024 1
			政治服务 B6	0.332 3	0.112 9
			社会经济 B7	0.114 5	0.038 9

续表 14.1-7

目标层	准则层	单/总权重	指标层	单权重	总权重
太阳山供水工程综合效益评估指标体系	生态效益 C	0.529 2	水资源贮存 C1	0.067 3	0.035 6
			水质净化 C2	0.186 1	0.098 5
			空气净化 C3	0.069 7	0.036 9
			固碳释氧 C4	0.076 3	0.040 4
			防止土壤侵蚀 C5	0.082 8	0.043 8
			气候调节 C6	0.048 0	0.025 4
			水源涵养 C7	0.123 0	0.065 1
			减少噪声 C8	0.076 3	0.040 4
			生物多样性 C9	0.091 5	0.048 4
			维持养分循环 C10	0.063 9	0.033 8
			控制降落漏斗 C11	0.046 1	0.024 4
			生物栖息地 C12	0.069 0	0.036 5

14.1.4　指标主客观权重融合计算

将上述层次分析法和熵权法得到的权重进行汇总,通过式(13-15)计算主客观权重融合系数为 $\alpha = (0.618\ 1, 0.381\ 7)$,并依据式(13-16)计算主客观融合权重进行组合赋权确定出最终权重,如表 14.1-8 所示,主客观权重融合过程如图 14.1-1 所示。

表 14.1-8　综合效益评价指标组合权重汇总

准则层	指标层	主观权重	客观权重	组合权重
经济效益 A (0.383 2)	工业供水 A1	0.262 8	0.047 5	0.180 1
	生活供水 A2	0.147 5	0.027 5	0.101 4
	规模化养殖供水 A3	0.072 0	0.035 3	0.057 9
	公共绿地供水 A4	0.057 3	0.021 9	0.043 8
社会效益 B (0.313 4)	旅游休闲 B1	0.027 8	0.046 1	0.034 8
	景观美学 B2	0.022 6	0.055 4	0.035 0
	科研教育 B3	0.044 6	0.046 7	0.045 5
	文化传承 B4	0.036 9	0.015 7	0.028 9
	公共健康 B5	0.046 6	0.024 1	0.038 0
	政治服务 B6	0.064 7	0.112 9	0.083 1
	社会经济 B7	0.053 7	0.038 9	0.048 1

续表 14.1-8

准则层	指标层	主观权重	客观权重	组合权重
生态效益 C （0.302 6）	水资源贮存 C1	0.021 0	0.035 6	0.026 7
	水质净化 C2	0.016 4	0.098 5	0.047 9
	空气净化 C3	0.015 8	0.036 9	0.023 9
	固碳释氧 C4	0.011 6	0.040 4	0.022 4
	防止土壤侵蚀 C5	0.014 3	0.043 8	0.025 6
	气候调节 C6	0.019 6	0.025 4	0.021 7
	水源涵养 C7	0.017 9	0.065 1	0.035 9
	减少噪声 C8	0.010 5	0.040 4	0.021 8
	生物多样性 C9	0.012 6	0.048 4	0.026 1
	维持养分循环 C10	0.009 7	0.033 8	0.019 0
	控制降落漏斗 C11	0.006 1	0.024 4	0.012 9
	生物栖息地 C12	0.008 0	0.036 5	0.018 7

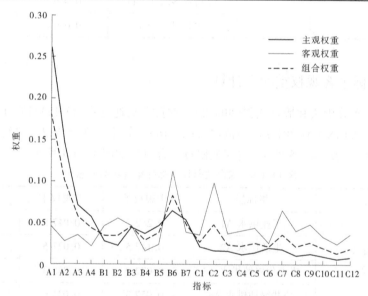

图 14.1-1　综合效益评价指标组合权重

14.1.5　隶属度的确定

本研究通过邀请水利领域的专家对指标的隶属度进行分析评价，其评价结果如表 14.1-5 所示。为合理地融合不同专家打分之间的差异性，融合多位专家的打分结果，采用 JS 散度衡量专家的可信度，具体计算过程如下。

依据表 14.1-5 中各专家的打分结果和式（13-18）、式（13-19）计算各 KL 散度矩阵，如表 14.1-9 所示。

依据式（13-20）计算 JS 散度矩阵，如表 14.1-10 所示。

表 14.1-9　KL 散度矩阵

0.0	34.6	44.8	62.0	67.3	28.1	68.1	118.1	49.6	79.9	0.0	34.6
-23.3	0.0	13.6	33.4	-95.4	-59.6	25.9	82.7	15.3	-113.9	-23.3	0.0
-36.2	-9.5	0.0	20.0	-103.9	-68.4	20.0	71.1	7.7	-118.6	-36.2	-9.5
-56.4	-27.2	-17.6	0.0	-122.2	-86.1	1.7	52.4	-11.6	-136.2	-56.4	-27.2
77.2	106.8	121.7	140.9	0.0	40.3	137.3	196.6	121.2	-17.8	77.2	106.8
38.5	64.5	79.0	98.8	-37.6	0.0	92.2	151.0	79.2	-56.6	38.5	64.5
-31.8	-14.7	2.0	21.3	-106.5	-73.1	0.0	67.0	1.1	-132.7	-31.8	-14.7
-96.1	-73.3	-61.9	-43.0	-162.4	-129.4	-48.6	0.0	-58.5	-182.6	-96.1	-73.3

表 14.1-10　JS 散度矩阵

0.0	5.7	4.3	2.8	4.9	5.2	18.1	11.0	7.7	18.6	0.0	5.7
5.7	0.0	2.0	3.1	5.7	2.4	5.6	4.7	2.3	13.5	5.7	0.0
4.3	2.0	0.0	1.2	8.9	5.3	11.0	4.6	6.3	20.7	4.3	2.0
2.8	3.1	1.2	0.0	9.4	6.3	11.5	4.7	5.9	21.8	2.8	3.1
4.9	5.7	8.9	9.4	0.0	1.4	15.4	17.1	7.1	8.2	4.9	5.7
5.2	2.4	5.3	6.3	1.4	0.0	9.5	10.8	4.1	8.5	5.2	2.4
18.1	5.6	11.0	11.5	15.4	9.5	0.0	9.2	8.4	15.0	18.1	5.6
11.0	4.7	4.6	4.7	17.1	10.8	9.2	0.0	6.6	23.2	11.0	4.7

进一步依据式（13-21）、式（13-22）计算专家权重为（0.091，0.158，0.111，0.107，0.091，0.133，0.069，0.078，0.114，0.050），并依据式（13-23）和式（13-24）分别计算指标综合评分和指标对于各等级的隶属度，如表 14.1-11 所示。

表 14.1-11　太阳山供水工程效益模糊评价数据

评价指标名称	指标综合评分	各评价等级对应的评价/%				
		很差	差	中等	好	很好
工业供水 A1	85.4	0	0	0	19.1	86.6
生活供水 A2	83.4	0	0	0	29.0	73.7
规模化养殖供水 A3	83.4	0	0	0	29.0	73.6
公共绿地供水 A4	81.6	0	0	0.1	39.2	61.5
旅游休闲 B1	90.0	0	0	0	6.2	100.0
景观美学 B2	87.7	0	0	0	11.5	96.3
科研教育 B3	81.1	0	0	0.1	42.5	57.8
文化传承 B4	78.0	0	0	0.4	64.5	36.6
公共健康 B5	82.2	0	0	0.1	35.9	65.3
政治服务 B6	90.6	0	0	0	5.3	100.0
社会经济 B7	82.2	0	0	0.1	35.7	65.5
水资源贮存 C1	80.3	0	0	0.2	47.8	52.2
水质净化 C2	89.6	0	0	0	7.0	99.9
空气净化 C3	84.2	0	0	0	25.0	78.9
固碳释氧 C4	85.6	0	0	0	18.4	87.6
防止土壤侵蚀 C5	81.6	0	0	0.1	39.5	61.1
气候调节 C6	77.9	0	0	0.5	65.1	36.1
水源涵养 C7	83.7	0	0	0	27.1	76.1
减少噪声 C8	79.4	0	0	0.2	54.0	46.1
生物多样性 C9	88.6	0	0	0	9.1	98.6
维持养分循环 C10	84.9	0	0	0	21.6	83.3
控制降落漏斗 C11	82.1	0	0	0.1	36.0	65.1
生物栖息地 C12	83.5	0	0	0	28.3	74.5

14.1.6 多级模糊综合评价

14.1.6.1 一级模糊综合评价

1. 经济效益

因素集 $U_1 = \{$工业供水 A_1, 生活供水 A_2, 规模化养殖供水 A_3, 公共绿地供水 $A_4\}$。

权重 $W_1 = \{0.470, 0.265, 0.151, 0.144\}$。

模糊关系矩阵 R_1 为

$$R_1 = \begin{bmatrix} 0 & 0 & 0 & 19.1\% & 86.6\% \\ 0 & 0 & 0 & 29.0\% & 73.7\% \\ 0 & 0 & 0 & 29.0\% & 73.6\% \\ 0 & 0 & 0.1\% & 39.2\% & 61.5\% \end{bmatrix}$$

根据公式(13-25), 将 W_1 与 R_1 进行模糊运算, 即:

$$A = W_1 * R_1$$
$$= \{0.470 \quad 0.265 \quad 0.151 \quad 0.114\} *$$
$$\begin{bmatrix} 0 & 0 & 0 & 19.1\% & 86.6\% \\ 0 & 0 & 0 & 29.0\% & 73.7\% \\ 0 & 0 & 0 & 29.0\% & 73.6\% \\ 0 & 0 & 0.1\% & 39.2\% & 61.5\% \end{bmatrix}$$
$$= \{0\% \quad 0\% \quad 0.1\% \quad 25.5\% \quad 78.4\%\}$$

即

$$A = \{0\% \quad 0\% \quad 0.1\% \quad 25.5\% \quad 78.4\%\}$$

采取同经济效益 A 一样的计算方法对以下各指标进行计算, 具体结果如下。

2. 社会效益

$$B = W_2 * R_2$$
$$= \{0.011 \quad 0.112 \quad 0.145 \quad 0.092 \quad 0.121 \quad 0.265 \quad 0.154\} *$$
$$\begin{bmatrix} 0 & 0 & 0 & 6.2\% & 100\% \\ 0 & 0 & 0 & 11.5\% & 96.3\% \\ 0 & 0 & 0.1\% & 42.5\% & 57.8\% \\ 0 & 0 & 0.4\% & 64.5\% & 36.6\% \\ 0 & 0 & 0.1\% & 35.9\% & 65.3\% \\ 0 & 0 & 0 & 5.3\% & 100\% \\ 0 & 0 & 0.1\% & 35.7\% & 65.5\% \end{bmatrix}$$
$$= \{0\% \quad 0\% \quad 0.1\% \quad 25.3\% \quad 78.1\%\}$$

即

$$B = \{0\% \quad 0\% \quad 0.1\% \quad 25.3\% \quad 78.1\%\}$$

3. 生态效益

$$C = W_3 * R_3$$
$$= \{0.088 \quad 0.158 \quad 0.079 \quad 0.074 \quad 0.085 \quad 0.072 \quad 0.119 \quad 0.072 \quad 0.086$$

$$0.063 \quad 0.043 \quad 0.062\} *$$

$$\begin{bmatrix} 0 & 0 & 0.2\% & 47.8\% & 52.2\% \\ 0 & 0 & 0 & 7\% & 99.9\% \\ 0 & 0 & 0 & 25\% & 78.9\% \\ 0 & 0 & 0 & 18.4\% & 87.6\% \\ 0 & 0 & 0.1\% & 39.5\% & 61.1\% \\ 0 & 0 & 0.5\% & 65.1\% & 36.1\% \\ 0 & 0 & 0 & 27.1\% & 76.1\% \\ 0 & 0 & 0.2\% & 54\% & 46.1\% \\ 0 & 0 & 0 & 9.1\% & 98.6\% \\ 0 & 0 & 0 & 21.6\% & 83.3\% \\ 0 & 0 & 0.1\% & 36\% & 65.1\% \\ 0 & 0 & 0 & 28.3\% & 74.5\% \end{bmatrix}$$

$$= \{0\% \quad 0\% \quad 0.1\% \quad 29.2\% \quad 74.4\%\}$$

即

$$C = \{0\% \quad 0\% \quad 0.1\% \quad 29.2\% \quad 74.4\%\}$$

基于一级模糊运算成果,将其归纳汇总于表 14.1-12,以便二级模糊运算。

表 14.1-12　一级模糊评价结果　　　　　　　　　　　　　　　%

准则层	很差	差	中等	好	很好
经济效益 A	0	0	0.1	25.5	78.4
社会效益 B	0	0	0.1	25.3	78.1
生态效益 C	0	0	0.1	29.2	74.4

14.1.6.2　二级模糊综合评价

太阳山供水工程项目综合效益评价的因素集 $U = \{$经济效益 A,社会效益 B,生态效益 C$\}$,权重集 $W = \{0.3832 \quad 0.3134 \quad 0.3026\}$,准则层对于目标层的模糊评价矩阵 R 为

$$R = \begin{bmatrix} 0 & 0 & 0.1 & 25.5 & 78.4 \\ 0 & 0 & 0.1 & 25.3 & 78.1 \\ 0 & 0 & 0.1 & 29.2 & 74.4 \end{bmatrix}$$

根据公式(13-26)得:

$$B = W * R$$

$$= \{0.3832 \quad 0.3134 \quad 0.3026\} * \begin{bmatrix} 0 & 0 & 0.1 & 25.5 & 78.4 \\ 0 & 0 & 0.1 & 25.3 & 78.1 \\ 0 & 0 & 0.1 & 29.2 & 74.4 \end{bmatrix}$$

$$= \{0 \quad 0 \quad 0.1 \quad 26.5 \quad 77.0\}$$

由上述计算结果可得,评价太阳山供水工程的综合效益对"很好"的隶属度为 77.0%。

14.2　多级模糊综合评价结果的分析

14.2.1　一级模糊综合评价分析

根据前文计算的一级模糊综合评价,现将结果归纳总结如图 14.2-1 所示。

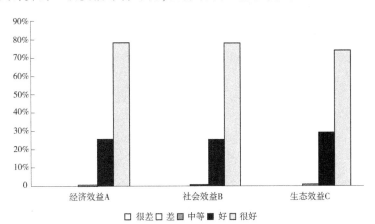

图 14.2-1　一级模糊综合评价概况

14.2.1.1　经济效益评价结果分析

$$A = \{0\% \quad 0\% \quad 0.1\% \quad 25.5\% \quad 78.4\%\}$$

根据一级评价模糊运算的计算结果,该供水工程的二级指标经济效益有 78.40% 的隶属度所属水平"很好",25.5% 的隶属度所属水平"好",0.1% 的隶属度所属水平"中等","差"和"很差"的隶属度为 0。据最大隶属度可知,78.4% 数值最大,因此太阳山供水工程的经济效益水平为"很好"。

14.2.1.2　社会效益评价结果分析

$$B = \{0\% \quad 0\% \quad 0.1\% \quad 25.3\% \quad 78.1\%\}$$

根据一级评价模糊运算的计算结果,该供水工程的二级指标经济效益有 78.1% 的隶属度所属水平"很好",25.3% 的隶属度所属水平"好",0.1% 的隶属度所属水平"中等","差"和"很差"的隶属度为 0。据最大隶属度可知,78.1% 数值最大,因此太阳山供水工程的社会效益水平为"很好"。

在社会效益的评价指标中,"政治服务"和"社会经济"指标所占权重系数的比例最大,分别为 8.31%、4.81%,说明太阳山供水工程的建设有助于当地经济效益的提升。该项目为社会前进和发展做出了重大贡献,对提高人类的生活质量起着至关重要的积极作用。

14.2.1.3　生态效益评价结果分析

$$C = \{0\% \quad 0\% \quad 0.1\% \quad 29.2\% \quad 74.4\%\}$$

　　根据一级评价模糊运算的计算结果,该供水工程的二级指标生态效益有 74.4% 的隶属度所属水平"很好",29.2% 的隶属度所属水平"好",0.1% 的隶属度所属水平"中等","差"和"很差"的隶属度为 0。据最大隶属度可知,74.4% 数值最大,因此太阳山供水工程的生态效益水平为"很好"。

　　通过计算,太阳山供水工程经济、社会、生态层都属于"很好"效益水平。

14.2.2　二级模糊综合评价分析

　　二级模糊综合评价的运算结果,如图 14.2-2 所示。

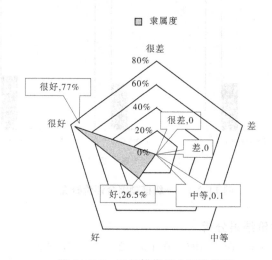

图 14.2-2　二级模糊综合评价概况

　　由全面的模糊评价结果可知,太阳山供水工程综合效益水平有 77% 的隶属度所属水平为"很好",26.5% 的隶属度所属水平为"好",0.1% 的隶属度所属水平为"中等","差"和"很差"的隶属度均为 0。通过研究最大隶属度原则可得,77% 在 5 个等级数值中最大,故该供水工程综合效益水平为"很好"。

　　综上所得,太阳山供水工程通过综合评价效益水平结果为"很好",表明此供水工程的建设具有重要价值意义。

14.3　云模型构建

14.3.1　评价标准云的确定

　　根据第 13 章咨询专家得到的评语集和区间取值,代入标准云数字特征计算公式,得到标准云的期望 Ex、熵 En 和超熵 He。标准云图如图 14.3-1 所示。

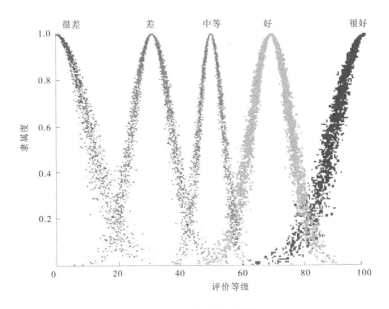

图 14.3-1　标准云云图

14.3.2　评价指标云的确定

根据表 14.1-8 整理出各指标权重值及依据专家打分表 14.1-5 和式(13-37)~式(13-39)计算各指标云特征值如表 14.3-1 所示。

表 14.3-1　打分结果及特征值

准则层	指标层	权重	期望 Ex	熵 En	超熵 He
经济效益 A (0.383 2)	A1	0.470 0	84.7	7.720	2.715
	A2	0.264 6	82.7	7.244	0.683
	A3	0.151 1	81.9	8.121	2.127
	A4	0.114 3	80.6	6.417	1.949
社会效益 B (0.313 4)	B1	0.111 0	89.7	5.891	0.803
	B2	0.111 7	87.0	6.016	2.116
	B3	0.145 2	81.3	11.581	2.234
	B4	0.092 2	77.3	4.211	3.629
	B5	0.121 3	81.8	7.771	1.881
	B6	0.265 2	91.5	7.520	2.973
	B7	0.153 5	82.2	9.726	1.426

续表 14.3-1

准则层	指标层	权重	期望 Ex	熵 En	超熵 He
	C1	0.088 2	79.6	8.823	3.262
	C2	0.158 3	90.0	6.517	2.218
	C3	0.079 0	83.3	8.322	4.305
	C4	0.074 0	84.3	7.745	1.569
	C5	0.084 6	79.5	11.656	3.594
生态效益 C	C6	0.071 7	76.9	5.114	3.645
(0.302 6)	C7	0.118 6	82.9	6.442	1.961
	C8	0.072 0	78.9	4.838	1.481
	C9	0.086 3	87.4	7.119	1.234
	C10	0.062 8	85.0	5.765	2.845
	C11	0.042 6	82.8	7.570	2.313
	C12	0.061 8	83.5	7.771	1.372

依据表 14.3-1 和式(14-40)计算一级指标评价云特征值如表 14.3-2 所示。

表 14.3-2　一级指标评价云特征值

一级指标	组合权重	Ex	En	He
经济效益 A	0.383 2	83.3	7.594	2.208
社会效益 B	0.313 4	85.4	7.976	2.360
生态效益 C	0.302 6	83.4	7.204	2.427

最终计算得到综合指标评价云特征值为(83.9,7.599,2.312)。

14.3.3　结果评价

运用 Matlab 软件,将上述得到的标准云和计算出的评价云放在同一坐标系内,根据两者位置分布和最大相似度原则确定项目具体的评价结果。

14.3.3.1　经济效益评价云与相似度结果

根据表 14.3-2 经济效益一级指标的云数字特征值,利用 Matlab 软件绘制建设过程评价云图(见图 14.3-2)并计算相似度(见表 14.3-3)。

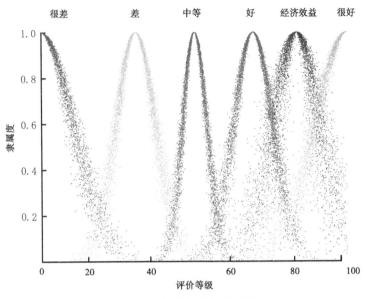

图 14.3-2　经济效益评价云图

表 14.3-3　经济效益评价云与标准云相似度

评价等级	很差	差	中等	好	很好
相似度	0	0	0.2%	22.9%	33.8%

由表 14.3-3 可以看出，经济效益评价云与标准云最大的相似度为 33.8%，对应的评价等级为"很好"，同时从图 14.3-2 中也可以看出，评价云位于标准云"好"与"很好"之间，离评价等级为"很好"的标准云明显更近，符合相似度的计算结果，故经济效益的评价等级结果为"很好"。

同理，在经济效益的二级指标中，工业供水与公共绿地供水的评价等级为"很好"，生活供水与规模化养殖供水的评价等级均为"好"，评价等级结果排序为工业供水 A1>生活供水 A2>规模化养殖供水 A3>公共绿地供水 A4。建议提高供水企业的管理水平，制定相应的内部管理制度(如设备操作规程、水费计收管理制度、工程运行管理制度)，提高供水服务水平，完善供水价格的监督机制，实现供水规范化管理，提高该项目的财务效益。

14.3.3.2　社会效益评价云与相似度结果

根据表 14.3-2 社会效益评价一级指标的云数字特征值，利用 Matlab 软件绘制社会效益评价云图(见图 14.3-3)并计算相似度(见表 14.3-4)。

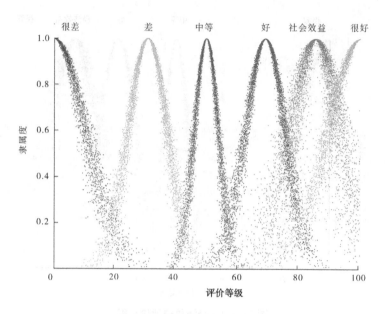

图 14.3-3　社会效益评价云图

表 14.3-4　社会效益评价云与标准云相似度

评价等级	很差	差	中等	好	很好
相似度	0	0	0.1%	17.2%	41.9%

由表 14.3-4 可以看出,社会效益评价云与标准云最大的相似度为 41.9%,同时从图 14.3-3 中也可以看出其对应的评价等级在"好"与"很好"之间,且更接近于"很好",符合上述计算结果,故社会效益后评价等级结果为"很好"。

同理,在社会效益的二级指标中,权重排序为政治服务 B6>社会经济 B7>科研教育 B3>公共健康 B5>景观美学 B2>旅游休闲 B1。实施太阳山供水工程,新增了引黄供水能力,可以保障太阳山供水工程受水区供水安全,该工程建成后,对巩固提升脱贫攻坚成果、提高城乡供水保证率、促进工程沿线区域经济社会快速发展、推进黄河流域生态保护和高质量发展先行区具有重要意义,因此社会效益评价效果为"很好"。

14.3.3.3　生态效益评价云与相似度结果

根据表 14.3-2 生态效益评价一级指标的云数字特征值,利用 Matlab 软件绘制生态效益评价云图(见图 14.3-4)并计算相似度(见表 14.3-5)。

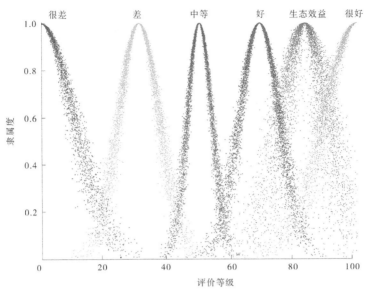

图 14.3-4　生态效益评价云图

表 14.3-5　生态效益评价云与标准云相似度

评价等级	很差	差	中等	好	很好
相似度	0	0	0.1%	20.8%	34.0%

由表 14.3-5 可以看出,最大的相似度为 34.0%,同时从图 14.3-4 中也可以看出,其对应的评价等级在"好"与"很好"之间,且更接近于"很好",符合上述计算结果,故生态效益评价等级结果为"很好"。

同理,其二级指标的评价等级结果均为"好"。分析其原因,工程在建设过程中不可避免地会对生态环境如大气、水等造成污染,但本工程通过采取积极的措施和管理办法,有效降低了这些影响。水库对周边的环境有一定的降温、增湿、净化空气的作用,而且较大的水域面积使得水体蒸发量增加,推动了降雨量增加,进一步改善了当地生态环境。

14.3.3.4　供水工程综合效益评价云与相似度结果

根据上面已经计算得到的综合指标评价云数字特征值(83.9,7.599,2.312),利用 Matlab 软件绘制工程综合效益评价云图(见图 14.3-5)并计算相似度(见表 14.3-6)。

表 14.3-6　太阳山供水工程综合效益评价云与标准云相似度

评价等级	很差	差	中等	好	很好
相似度	0	0	0.1%	20.2%	36.3%

由表 14.3-6 可以看出,太阳山供水工程综合效益评价云与标准云最大的相似度为 36.3%,对应的评价等级为"很好",同时从图 14.3-5 中也可以看出其对应的评价等级在"好"与"很好"之间,且更接近于"很好",符合上述计算结果,故综合效益评价等级结果为"很好"。

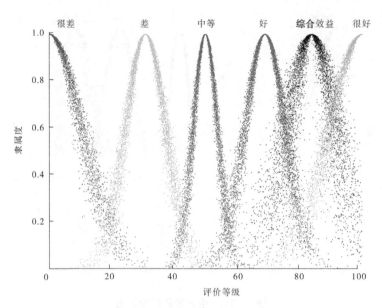

图 14.3-5　太阳山供水工程综合效益评价云图

　　经济效益、社会效益、生态效益的评价等级结果均为"很好",等级排序为经济效益>生态效益>社会效益。综上所述,太阳山供水工程综合效益评价效果为"很好",预期可以取得更好的经济—社会—生态综合效益,具备可持续发展潜力,可以达到预期发展目标。

14.4　本章小结

　　本章通过结合该项目的实际情况,构建了太阳山供水工程的评价指标体系,通过分析项目的特点,进行多级模糊综合效益评价,在此基础上计算出评价结论。结果表明,太阳山供水工程经济、社会和生态层面的效益均为"很好"水平,项目效益的综合评价为"很好"水平,根据最终评价结果判定该供水工程的建设运行具有重要的价值意义。通过引入隶属度云模型,明晰了影响工程综合效益发挥的核心因素指标,实现了太阳山供水工程综合效益评估结果的数字可视化表达,该评价方法可为相似供水工程综合效益评估提供借鉴思路。

参 考 文 献

[1] CHEN H, CHEN X, QIU L, et al. Comprehensive Assessment of Water Supply Benefits for South-to-North Water Diversion in China from the Perspective of Water Environmental Carrying Capacity[J]. Nature Environment Polution Technology, 2020, 19(1).

[2] 胡朋成. 太阳山湿地生态系统稳定性研究[D]. 宁夏:宁夏大学, 2022.

[3] 孙从建, 张文强, 李新功, 等. 基于遥感影像的黄土高原沟壑区生态效应评价[J]. 农业工程学报, 2019, 35(12):165-172.

[4] 刘晨光. 调水工程受水区综合效益评价研究:以"引汉济渭"工程为例[D]. 西安:西安建筑科技大学, 2023.

[5] 郭娇. 宁夏中南部调水工程对受水区水资源配置效果影响评价研究[D]. 宁夏:宁夏大学, 2020.

[6] 李倍诚. 基于 AHP-模糊综合评价的公共水利工程社会效益评价研究[D]. 呼和浩特:内蒙古农业大学, 2023.

[7] 杨雪. HH 水务集团有限公司效益评价研究:以引黄取水工程为例[D]. 郑州:华北水利水电大学, 2021.

[8] 张格. 水利工程项目综合效益评价方法研究及应用[D]. 武汉:武汉工程大学, 2020.

[9] 梁海峰, 刘子嫣. 基于 AHP—熵权法—模糊综合分析的智能配电网综合效益评估[J]. 华北电力大学学报(自然科学版), 2023, 50(1):48-55.

[10] LONG Y, QU J, ZHAO T, et al. Comprehensive Benefit Assessment of the Middle Routeof South-to-North Water Diversion Project Based on Markowitz Theory[J]. Water, 2023, 15(24).

[11] 杨丽, 朱启林, 孙静, 等. 北京市南水北调中线工程供水效益评估 [J]. 人民长江, 2017, 48(10):44-46, 78.

[12] REN M, LIU Y, FU X, et al. The changeable degree assessment of designed flood protection condition for designed unit of inter-basin water transfer project based on the entropy weight method and fuzzy comprehensive evaluation model [J]. IOP Conference Series: Earth and Environmental Science, 2021, 826(1).

[13] 杨子桐, 黄显峰, 方国华, 等. 基于改进云模型的南水北调东线工程效益评价[J]. 水利水电科技进展, 2021, 41(4):60-66, 80.

[14] 徐存东, 程慧, 王燕, 等. 灌区土壤盐渍化程度云理论改进多级模糊评价模型[J]. 农业工程学报, 2017, 33(24):88-95.

[15] 张秋文, 章永志, 钟鸣. 基于云模型的水库诱发地震风险多级模糊综合评价 [J]. 水利学报, 2014, 45(1):87-95.